Wissenschaftliche Taschenbücher

WTB

Mathematik · Physik

Robert Rompe
Hans-Jürgen Treder

Elementarkonstanten und was sie bedeuten

THEORIA CUM PRAXI

Akademie-Verlag Berlin

WTB

BAND 303

Robert Rompe
Hans-Jürgen Treder

Elementarkonstanten und was sie bedeuten

AKADEMIE-VERLAG BERLIN

Reihe MATHEMATIK UND PHYSIK

Verfasser:

Robert Rompe
Ordentliches Mitglied der Akademie der Wissenschaften der DDR

Hans-Jürgen Treder
Ordentliches Mitglied der Akademie der Wissenschaften der DDR

ISBN 3-05-500414-0
ISSN 0084-098X

Erschienen im Akademie-Verlag Berlin,
DDR-1086 Berlin, Leipziger Str. 3—4

Lizenznummer: 202 · 100/432/88
Printed in the German Democratic Republic
Gesamtherstellung: VEB Druckhaus „Maxim Gorki", 7400 Altenburg
Lektor: Dipl.-Phys. Ursula Heilmann
LSV 1104
Bestellnummer: 763 7615 (7303)
00800

Inhaltsverzeichnis

Vorbemerkung

Ein erstaunliches Phänomen der heutigen Wissenschaftsentwicklung ist zweifellos die explosive extensive Entwicklung der Quantenphysik mit Ergebnissen von unglaublicher Präzision bei der Vorausberechnung einzelner Größen und der Voraussage unerwarteter Vorgänge, wie z. B. des Prinzips des Lasers, der Superfluidität und des Quanten-Hall-Effektes.

Ebenso erstaunlich ist es aber, daß diese Entwicklung auf der Grundlage einiger weniger fundamentaler Erkenntnisse vor sich ging, wie sie von Newton und Boltzmann aufgebaut und von Planck, Einstein, Bohr erweitert werden konnten, unter Einbeziehung der von Heisenberg und Dirac entdeckten physikalischen Bedeutung von q-Zahlen.

Die Verbindung der Theorie mit der Wirklichkeit geschieht ausschließlich unter Nutzung der von Planck entdeckten Bedeutung der Elementarkonstanten, die „von nichts abhängen". Und es ist bisher keine der neuen Theorien ohne diese ausgekommen. Der Vergleich der Ergebnisse der Theorie mit dem Experiment erfolgt immer unter Heranziehung dieser bemerkenswerten Größen.

Die Elementarkonstanten mit ihrer — zweifellos noch gar nicht voll zu übersehenden — Problematik werden mit einer Selbstverständlichkeit gehandhabt, die an die beim Gebrauch der ganzen Zahlen erinnert. Da uns dieses Problem seit Jahren beschäftigt, und wir in der uns zugänglichen Literatur keine befriedigenden Antworten darauf finden konnten, haben wir zur Anregung einer Diskussion einige Beiträge in den „Annalen der Physik" und in den „Foundations of Physics" veröffentlicht, die allerdings damit nur einem engbegrenzten Interessentenkreis zugänglich gemacht wurden. Da uns jedoch ständig Anfragen von Kollegen erreichen, die großes Interesse an der Entwicklung der exakten Wissenschaft zeigen, haben wir uns entschlossen, diese Beiträge noch einmal in Form eines Taschenbuches einem größeren Leserkreis vorzulegen.

Unserem Kollegen E. Hantzsche haben wir für seine verständnisvolle Mitwirkung zu danken.

1. Die Elementarkonstanten

1.1. Einleitende Bemerkungen

Elementarkonstanten sind Größen in der Natur, die von nichts anderem abhängen (Definition von Max Planck) und die damit nicht auf andere Größen oder Prozesse zurückführbar, also auch nicht erklärbar sind, und die charakteristisch sind für wesentliche Aspekte der Wirklichkeit.

Welche Objekte der Wirklichkeit können wir dabei als „elementar" in Betracht ziehen?

Unmittelbar gegeben sind abgegrenzte, markierbare Dinge (körperliche Objekte nach Einstein), die „im wesentlichen gleich, im unwesentlichen ungleich sind"; z. B. Schafe, Apfelkerne, Wassertropfen, Blitze, Buchstaben.

Unmittelbar gegeben sind ebenso die ganzen Zahlen durch Mengenbildung, aber im Unterschied von den körperlichen Objekten sind sie nicht „markierbar" und im wesentlichen gleich (und Unwesentliches gibt es hier nicht). „2" ist die „Klasse aller Mengen", die aus zwei Elementen gebildet sind (G. Cantor, B. Russell); also sind alle „Zweien" gleich!

Unter den ganzen Zahlen ist die „1" als Einheit herausgehoben — ebenso das „Paar" —, weil der Vergleich zweier Mengen körperlicher Objekte jeweils durch Paarbildung geschieht.

Die ganzen Zahlen sind (als Kardinalzahlen) somit Elementarkonstanten an und für sich. Der mathematische Begriff der Zahl erfaßt aber nur eine bestimmte, in die Kompetenz der Mathematik fallende Seite der objektiven Wirklichkeit.

Die Behauptung, daß es in der Physik auch Elementarkonstanten anderer Art gibt, ist nicht von selbst verständlich, da es zum Unterschied von den ganzen Zahlen keine einfache praktikable Operation (Mengenbildung) gibt, um sich davon zu überzeugen. Das, was die Physik seit M. Planck unter Elementarkonstanten versteht, ist also nicht in der gleichen Weise wie die ganzen Zahlen „voraussetzungslos" zu erklären. Es setzt sehr vieles voraus: Vor allem, daß es eine mathematisch formulierbare Dynamik gibt, die in einfachen Differentialgleichungen gefaßt werden kann, bei welchen das Vorkommen von Konstanten einfach zu verstehen ist

(Heisenbergs Forderung nach der Dynamik des Vakuums für die Elementarteilchen!).

Solche einfachen Differentialgleichungen sind die Newtonschen und die Schrödingerschen Bewegungsgleichungen, die beide gemeinsam haben, daß sie eine Zeitumkehr zulassen. Ob aber die Eulerschen Bewegungsgleichungen oder die Einsteinschen Gravitationsgleichungen in dieselbe Kategorie fallen, ist vielleicht schon zweifelhaft; denn diese sind im wesentlichen nichtlinear. Die Differentialgleichungen führen aber notwendig über das Abzählbare hinaus, sie setzen das Kontinuum voraus. Die Differentialgleichungen benötigen die von den Zahlen unabhängige Urintuition der Geometrie, da sie stetige Änderungen und den „Fluß der Zeit" erfassen sollen. I. Newton nannte seine Methode der Infinitesimalrechnung „Fluxionsrechnung" (siehe hierzu die Mathematischen Manuskripte von Karl Marx).

Der Begriff Elementarkonstanten setzt wohl voraus, daß alles im Newtonschen Sinne (oder im Schrödingerschen) reversibel zugeht. Dann haben h, c, f eine einfache Bedeutung. Aber diese Aussage ist dann reduziert auf die Behauptung, daß der mathematische Charakter ein Skalar ist, während wir doch wissen, daß c ein polarer Vektor und h ein axialer Vektor ist. — Aber die Boltzmann-Konstante k der (irreversiblen) Thermodynamik ist Plancks vierte Elementarkonstante!

In einer Welt, wo alles fließt oder — wie M. Planck gesagt hat — alles mit Verlusten behaftet ist und deshalb nur „ungefähr" stimmt (vgl. F. Kleins Gegenüberstellung von exakter und approximativer Mathematik), ist nicht leicht zu erklären, was eine Konstante ist. Einfach ist es für Gegenstände der Mathematik, wie die ganzen Zahlen: 2 ist genau 2 und nicht 2,01 usw. Nun wissen wir aber, daß mit derselben Sicherheit, mit der wir 2, 3, 4, 5 als scharf ansehen, wir auch die einfachen Relationen benutzen, in denen die skalaren Werte der Elementarkonstanten vorkommen:

$$h\nu = E, \qquad r_0 = e^2/mc^2,$$

$$E = mc^2, \qquad r_C = h/mc,$$

$$\lambda = h/mv,$$

dgl. aber auch die durch Mittelwertsbildung entstandenen Begriffe

$$kT = \frac{1}{3}\, m\overline{v^2}; S = k \log W.$$

Kann man das auffassen als Ausdehnung des Kompetenzbereiches der Mathematik? Offenbar in derselben Näherung, wie wir die Abzählbarkeit körperlicher Objekte in der kinetischen Gastheorie und sonstwo in der Atomistik behandeln, aber auch mit den Einschränkungen, die bei der Behandlung von statistischen Problemen von verschiedenen nicht markierbaren, vertauschbaren Teilchen entstehen.

1.2. Elementarkonstanten und die Punktförmigkeit von Teilchen

Die klassische Physik der einzelnen Teilchen (und auch die des Kontinuums, das ja durch Übergang von linearen zu nichtlinearen und von totalen zu partiellen Differentialgleichungen aus den Newtonschen Axiomen deduzierbar ist) verlangt für den Anschluß an die „strukturierte“ Physik der Teilchen und Felder drei universelle Konstanten. Diese Konstanten sind grundsätzlich verschiedener algebraischer Natur:

a) Die Plancksche Konstante h ist ein axialer Vektor.
b) Die Lichtgeschwindigkeit c ist ein polarer Vektor.

Dementsprechend enthalten die relativistischen Quantentheorien die Konstanten h und c. Aber aus diesen Konstanten allein ist eine vollständige Dynamik nicht begründbar. Es fehlt eine dritte Konstante, die ein Skalar ist.

Planck benutzt hier, unter direktem Bezug auf die klassische Theorie der Physik, die Newtonsche Gravodynamik, die Gravitationskonstante f. (f ist mit Sicherheit ein Skalar, da die „gravische Ladung“ ein Singulett ist.) Dies entspricht der später von Einstein geteilten Auffassung, daß die Gravitation, also die Allgemeine Relativitätstheorie, für das Verständnis der Struktur der Materie notwendig ist. In der Tat besitzt gemäß der Speziellen Relativitätstheorie jede Energie träge Masse, und gemäß der Allgemeinen Relativitätstheorie hat jede träge Masse aktive und passive Schwere. Das Spektrum der Elementarteilchen und der Hierarchie der Wechselwirkungen aus einer allgemein-relativistischen Quantentheorie herzuleiten, führt aber zu der Schwierigkeit des Hiatus der Größenordnungen. Das auf solchem Wege zu erwartende „letzte“ Elementarteilchen, das Quantum der Raum-Zeit, wäre das Planckion mit der Masse $M = \sqrt{hc/f}$ und der Planckschen Elementarlänge $L = h/Mc = \sqrt{hf/c^3}$ als Compton-Wellenlänge.

Diese Plancksche Elementarlänge hat allerdings den Vorzug, daß sie direkt mit den quanten-theoretischen Schwankungen der Raum-Zeit-Metrik verbunden ist. Damit verletzt die aus der relativistischen Gravitationstheorie und der Quantenphysik zusammen deduzierte Plancksche Elementarlänge naturgemäß nicht das Postulat von Einstein und Laue: „Der Lichtkegel muß scharf sein, damit eine sinnvolle Physik möglich ist." Denn die Plancksche Elementarlänge verschmiert die Lichtkegel gerade nur so, daß dies im Rahmen der Unschärferelationen keinen nachweisbaren Effekt hat.

In Dimensionen, die größer als die Plancksche Länge sind, sollten der Lichtkegel hingegen scharf und die Elementarteilchen exakt punktförmig sein, um nicht in Widerspruch zur Relativitätstheorie zu kommen. Dann ergibt die relativistische Quantenfeldtheorie aber anscheinend nur Teilchen ohne Ruhmasse.

Die Idee, daß die Ruhmasse der Teilchen durch Symmetriebrechungen von „außen" in die konkreten Lösungen der Feldgleichungen hineinkommen, führt — wie Heisenberg bemerkte — darauf zurück, den Kosmos als strukturiertes Vakuum vorzugeben; d. h., das Ruhmasse-Spektrum wird im Sinne des Machschen Prinzips durch das Universum induziert. Aber Machs Prinzip ist zumindest der Idee nach eine Aussage der relativistischen Gravitationstheorie (Mach-Einstein-Doktrin). Es impliziert die Zurückführbarkeit der Trägheit auf die Gravitationswirkung ferner Massen, und damit kommt man wieder auf die Frage der allgemeinrelativistischen Quantentheorie.

Um „normale Teilchenmassen" zu bekommen, haben Heisenberg u. a. (March, Ivanenkov) vorgeschlagen, die Compton-Wellenlänge eines Elementarteilchens als Elementarlänge einzuführen, so daß anstelle der Planckschen Längeneinheit und damit anstelle der Gravitationskonstante f eine ad hoc eingeführte Ruhmasse m die dritte Fundamentalkonstante wäre. Es bliebe dann die Frage nach der Herleitbarkeit der Gravitation als ultra-schwache Wechselwirkung, und es bleibt die Frage nach der geometrischen Bedeutung dieser Heisenbergschen Elementarlänge.

Wird sie so eingeführt, daß sie mit der Schärfe des Lichtkegels verträglich ist — wie etwa in der Feldgleichung von Heisenberg selbst —, dann ergibt sich tatsächlich kein Ruhmasse-Spektrum. Die Feldgleichungen beschreiben ruhmasselose Partikeln, weil die klassischen Felder (Gravitation und Elektromagnetismus) eine unendliche Reichweite besitzen.

Aber andererseits hat die Heisenbergsche Größenordnung, d. h.

die Längeneinheit von einem Fermi (mit m = Protonen-Ruhmasse), eine von Heisenberg betonte prinzipielle Bedeutung. Wird ein „Teilchen", dessen effektiver Radius von der Größenordnung eines Fermis ist, in noch „kleinere" Partikeln aufgespalten, so haben diese kleineren Partikeln — jedes für sich allein — eine größere Ruhmasse als die ursprünglichen Partikeln. In der Größenordnung der Heisenbergschen Elementarlänge $l = h/mc = 1$ Fermi (1 Fermi $= 10^{-15}$ m) verliert also nach Heisenberg die Frage der weiteren Zerlegbarkeit von Teilchen ihren anschaulichen Sinn: Die Einzelteile werden immer „größer als das Ganze". Dies war der Grund, weshalb Heisenberg hier eine neue Grenze für die Fragestellung der Elementarteilchen-Physik vermutete und annahm, daß unterhalb des Bereiches der Elementarlänge l Fragen der Strukturierung der Materie nicht mehr sinnvoll wären. Heisenberg wollte dafür nur eine Theorie der Wirkungsquerschnitte im Sinne seiner S-Matrix-Theorie entwickeln.

Heisenberg formulierte seine Auffassung über die Unlösbarkeit des Problems der inneren Struktur der Elementarteilchen mathematisch in der Hypothese des Auftretens negativer Wahrscheinlichkeiten (indefinite Signatur des Hilbert-Raumes) und physikalisch in dem Satz, daß jedes Elementarteilchen aus allen anderen Elementarteilchen zusammengesetzt ist.

Eine Auflösung der Heisenbergschen Aporie bezüglich der „Teilbarkeit der Elementarteilchen" enthält die Chromodynamik mit ihrer Konzeption einer (zunächst phänomenologischen) Wechselwirkung zwischen den „Quarks" (oder „Partonen"), die durch ein Wechselwirkungspotential der Formel

$$V = Qr/2 + P/r + \text{const.} + \text{const.}\, r^2$$

beschrieben werden.

Zwischen den Bausteinen der Elementarteilchen existiert nach dieser Konzeption eine ultra-reichweitige, nämlich distanzunabhängige Kraft

$$K_{AB} \approx Q_A Q_B .$$

Solche Wechselwirkungen sind mit der Makro-Physik naturgemäß nur dann vereinbar, wenn sie außerhalb der Elementarteilchen genügend schnell verschwinden, wenn also innerhalb jedes Elementarteilchens für die Summe der „Farbladungen" Q_A das Confinement

$$\sum_A Q_A = 0$$

gilt. Unter Voraussetzung des Confinements lassen sich die Feldmassen M der Elementarteilchen aus der Chromodynamik berechnen. Man findet

$$M \approx \frac{1}{c^2} \sum_A Q^2{}_A L,$$

d. h., die Elementarteilchenmasse wird der linearen Ausdehnung L der Elementarteilchen direkt proportional (im Gegensatz zu der bei Heisenberg implizierten Vorstellung der reziproken Proportionalität von Masse m und Ausdehnung l der Teilchen). Diese phänomenologische Theorie läßt sich nun mit der allgemein-relativistischen Gravitationstheorie Einsteins unitarisieren. Die „Farbfelder" erweisen sich als notwendige Konsequenz der Fortsetzung der Allgemeinen Relativitätstheorie (ART) ins Komplexe: Gravo- und Chromodynamik werden gemeinsam durch Einsteins hermitesymmetrische Relativitätstheorie (HRT) beschrieben, nämlich bei der Ersetzung der Riemannschen Symmetriebedingungen für den metrischen Fundamentaltensor

$$g_{ik} = g_{ki}$$

durch die Forderung der Hermite-Symmetrie

$$g_{ik} = g^*{}_{ki}.$$

Wir bemerken nun, daß die hermite-symmetrische Verallgemeinerung der ART notwendig eine neue universelle Naturkonstante einführt, denn der rein-imaginäre, schief-symmetrische Teil $1/2\,(g_{ik} - g_{ki})$ des Fundamentaltensors g_{ik} trägt ersichtlich nicht zu Längenmessungen bei; dagegen definiert er das Areal von Flächen. Dadurch werden Flächen- und Längenmessungen prinzipiell voneinander unabhängig. In der Tat sind in der Elementarteilchenphysik die Flächen als Wirkungsquerschnitte bestimmbar. Eine Beziehung zwischen den Längen-Quadraten und den Wirkungsquerschnitten impliziert dimensionslose Konstanten ω (bzw. Funktionen) als Proportionalitätsfaktor:

$$\omega \approx c^4/fQ^2.$$

Der Vergleich zwischen Chromodynamik und HRT zeigt nun, daß die HRT größenordnungsmäßig genau dann auf die Aussage der Chromodynamik führt, wenn der Proportionalitätsfaktor ω größenordnungsmäßig der Eddingtonschen Zahl entspricht:

$$\omega \approx hc/f\mu^2,$$

wobei μ die effektive Masse der Elementarteilchen ist. Damit wird in einer hermite-symmetrischen Quantentheorie der Gravitation (die gleichzeitig eine Quanten-Chromodynamik ist) eine neue Naturkonstante μ eingeführt, die mit der Heisenbergschen Elementarlänge $l = h/\mu c$ korrespondiert.

Einstein war der Ansicht, daß die beiden aus der klassischen Physik bekannten Felder, Gravitation und Elektro-Magnetismus, in einer einheitlichen geometrischen Feldtheorie zusammenzufassen wären. Dies erwies sich wegen der fehlenden Universalität des Elektro-Magnetismus als ein anscheinend unlösbares Problem. Die neue Vorstellung einer Chromodynamik mit ultra-reichweitigen Wechselwirkungen, die jedoch durch das Confinement mit der Makro-Physik in Übereinstimmung gebracht werden, zeigt nun, daß Einsteins und Schrödingers Ansatz für eine einheitliche Feldtheorie, d. h. die HRT, die schwächste Wechselwirkung mit der stärksten Wechselwirkung zwangsläufig vereinigt.

Demgegenüber ergibt die Theorie der ,,elektro-schwachen Wechselwirkungen" eine (nicht-geometrisierte) Unitarisierung des Elektro-Magnetismus und der Radioaktivität entsprechend den Vorschriften der SRT. Neben den Einsteinschen ruhmasselosen Lichtquanten gibt es in der elektroschwachen Theorie auch ultra-schwere Photonen (W-Bosonen) mit den Massen

$$\mu_B \approx 10^2 \mu .$$

Diese Unitarisierung verlangt, daß beide Felder ein und dieselbe Feldquelle haben, so daß — als klassische Theorie interpretiert — die punktförmigen elektrischen Ladungen sowohl die Quellen der elektrischen als auch der schwachen Wechselwirkungen sind. Dadurch wird das vereinigte Feld automatisch reguliert. An die Stelle des Coulombschen Potentials tritt ein Potential vom Bopp-Podolskyschen Typ

$$\Phi = \frac{e}{r}\left(1 - \exp\left[-\frac{\mu_B c}{h} r\right]\right),$$

das für $r \to 0$ gegen

$$\Phi(0) \to e\,\frac{\mu_B c}{h}$$

geht, also regulär bleibt, wobei dann die Feldmasse

$$M = e^2 \mu_B / 2hc$$

beträgt.

Zur Zeit lassen sich also die schwächste und die stärkste Wechselwirkung als einheitliche HRT im Sinne Einsteins geometrisieren und sich die Elektrodynamik mit der „schwachen Wechselwirkung" als „Maxwellsche Theorie höherer Ordnung" (Eichfeld-Theorie) zusammenfassen. In beiden Fällen ist (mindestens) eine neue Naturkonstante einzuführen.

1.3. Elementarkonstanten und die Elektronenenergie im Wasserstoffatom

Im Bohrschen Modell des Wasserstoffatoms ergibt sich aus dem Virialsatz und dem Quantenpostulat für den Bahndrehimpuls (siehe Abschnitt 2.3) die Gesamt-Energie des Elektrons

$$E = mc^2 - \frac{1}{2}\,mv^2 = mc^2 - \frac{1}{2}\,\alpha^2 mc^2 \tag{1}$$

mit der Sommerfeldschen Feinstruktur-Konstante $\alpha = e^2/\hbar c$. Die Terme in (1) sind ersichtlich nicht relativistisch, denn sie enthalten die Lichtgeschwindigkeit c überhaupt nicht (von der konstanten Ruhenergie abgesehen). Relativistische Effekte treten dann auf, wenn ein bereits von J. C. Maxwell vorgetragenes Argument berücksichtigt wird: Bei endlicher Geschwindigkeit c der Wechselwirkungen besteht zwischen actio und reactio eine Zeitdifferenz. Diese führt zu einer Linienverschiebung $\Delta\lambda$, die proportional zur Compton-Wellenlänge h/mc des Elektrons ist.

Damit ergeben die relativistischen Effekte eine Termverschiebung, die

$$-h\Delta\nu = hc\,\Delta\lambda/\lambda^2 = \hbar^2\alpha^2/4ma^2 = \alpha^4 mc^2/4 \sim \frac{v^4}{c^4}\,mc^2$$

beträgt. Anstelle der vorgenannten Formel (1) tritt somit der Ausdruck zweiter Näherung

$$E = mc^2 - \frac{1}{2}\,\alpha^2 mc^2 - B\alpha^4 mc^2. \tag{2}$$

Hierbei ist der Koeffizient $B > 0$ eine rationale Zahl, die A. Sommerfeld für spinlose Elektronen und P. Dirac für Elektronen mit Spin berechnet haben. Sommerfelds Ausdruck für B entspricht der relativistischen Schrödinger-Gleichung, der sogenannten Klein-Gordon-Gleichung. Die Diracsche Wellengleichung berücksichtigt auch den Spin des Elektrons, der von der relativistischen Größenordnung $\frac{1}{2}\, eh/mc$ (dem halben Bohrschen Magneton) ist (Schrödingersche „Zitter-Bewegung" des Elektrons).

Die weitere Entwicklung nach v/c, d. h. die exakte Lösung der Diracschen Wellengleichung für ein Wasserstoffatom, würde nun zu einer Term-Struktur führen, die nur gerade Potenzen von v/c enthält und somit

$$E = mc^2 \left(A - \frac{1}{2} \frac{v^2}{c^2} - B \frac{v^4}{c^4} - C \frac{v^6}{c^6} - \ldots \right)$$

lauten müßte. Die Entdeckung der Lamb-shift (und der damit zusammenhängenden Effekte der Quanten-Elektrodynamik) zeigt aber, daß dies nicht stimmt. Gemäß der klassischen Elektronen-Theorie besitzt auch ein als punktförmig angenommenes Elektron einen effektiven Radius r_0. Dieser ist von der Planckschen Konstante h völlig unabhängig und beträgt $r_0 = e^2/mc^2$. Berechnen wir nun den Einfluß dieses Elektronen-Radius r_0 auf die Energie-Terme, so finden wir

$$-h\delta_\nu = hc\, \delta_\lambda/\lambda^2 \sim \alpha^5 mc^2 .$$

Hierbei ist

$$|\delta_\nu| = e^2 c/mc^2 \lambda^2$$

die „natürliche Linienbreite", die also einfach dem „klassischen Elektronenradius" $r_0 = \delta_\lambda$ entspricht. Diese Term-Verschiebung ergibt in der Entwicklung der Energie-Terme einen Beitrag von $\sim\alpha^5$:

$$E = mc^2 - \frac{1}{2}\, \alpha^2 mc^2 - B\alpha^4 mc^2 - C'\alpha^5 mc^2 - \ldots . \tag{3}$$

Hier ist C' wieder von der Größenordnung Eins, aber nicht mehr notwendig eine rationale Zahl.

In (3) beschreibt mc^2 das ruhende freie Elektron; der nächste Term $-\frac{1}{2}\, \alpha^2 mc^2$ entspricht der aus der Coulomb-Bindung folgenden Wechselwirkungsenergie. Der Term $\sim\alpha^4$ enthält die sich aus der Endlichkeit der Lichtgeschwindigkeit c ergebenden relativistischen Korrekturen. Der Term $\sim\alpha^5$ erfaßt den aus der Quanten- und Relativitätstheorie gemeinsam folgenden Einfluß des effektiven Elektronenradius r_0.

Da die natürliche Linienbreite $\approx |\delta_\nu|$ die spontane Emission der Strahlung definiert und $1/|\delta_\nu|$ die Lebensdauer der ungestörten Terme angibt, wird die Elektrodynamik erst durch die Berücksichtigung der Wechselwirkung zwischen den Elektronen und dem Vakuum konsistent (Theorie der virtuellen Strahlungsfelder bei stationären Zuständen der Atome von J. C. Slater, N. Bohr und H. Kramers).

Diese Vakuum-Effekte führen in der Quanten-Elektrodynamik auch zu einer formalen Korrektur der Maxwellschen Gleichungen. Es gibt kein „freies" elektromagnetisches Feld, sondern im Sinne von M. Faraday besitzt auch das Vakuum einen von der Feldstärke abhängigen Dielektrizitätstensor und ebenso einen Permeabilitätstensor.

Formal treten an die Stelle der Maxwellschen Vakuum-Gleichungen die nur in Form einer Reihenentwicklung angebbaren nichtlinearen Feldgleichungen vom Born-Infeldschen Typ (W. Heisenberg, H. Euler und B. Kockel). Die Kopplung der für sich selbst linearen Diracschen und Maxwellschen Wellengleichungen führt also wegen der relativistischen Quanten-Effekte zu einer effektiv nicht-linearen Feldtheorie. Diese Nicht-Linearität ist eine Folge der Realität der virtuellen Zustände.

Wir sehen ferner, daß in die klassische Elektronentheorie (H. A. Lorentz, M. Abraham und P. A. M. Dirac) nicht nur die elektrische Elementarladung e und die Lichtgeschwindigkeit c eingehen, sondern auch — via klassischen Elektronenradius — die Ruhmasse m des Elektrons.

Auch diese Ruhmasse bestimmt die Struktur der elektromagnetischen Strahlungsfelder mit, indem sie die klassischen Linienbreiten definiert. Genau so enthält die Quanten-Elektrodynamik nicht nur die Konstanten e, h, c, zwischen denen ja die dimensionslose Relation

$$\alpha = e^2/\hbar c \approx 1/137$$

besteht, sondern die Struktur des Vakuum-Feldes hängt vielmehr auch von den Partikel-Massen m ab. Damit wird die gemäß W. Heisenberg definierte nichtlineare Elektrodynamik davon abhängig, wieviele Arten von elektrisch geladenen Elementar-Partikeln es gibt. Die Diracsche Form der Quanten-Elektrodynamik berücksichtigt bloß den entscheidenden Term, nämlich den mit den größten Linienbreiten, d. h. der kleinsten Masse.

1.4. Elementarkonstanten und physikalische Beschreibung des frühen Kosmos

Die aus den von Planck rezipierten universellen Konstanten der Physik (Plancksches Wirkungsquantum h, Lichtgeschwindigkeit c und Newtonsche Gravitationskonstante f) gebildeten elementaren Einheiten für Länge L, Zeit T und Masse M sind definitionsgemäß extensive Größen:

$$L = \sqrt{hf/c^3}, \; T = L/c, \; M = \sqrt{hc/f}, \; (E = Mc^2). \tag{1}$$

Nur die vierte Plancksche Elementareinheit, die mit Hilfe der Boltzmann-Konstante k definierbar ist, die Plancksche Temperatur

$$\Theta = Mc^2/k = \frac{1}{k}\sqrt{hc^5/f}, \tag{2}$$

ist eine Intensitätsgröße (M. Planck).

Aber aus den Planckschen Einheiten (1) und der aus ihnen ableitbaren Elementareinheit für die Elektrizitätsmenge (Ladung)

$$Q = \sqrt{hc} = \sqrt{f}\,M \tag{3}$$

(alle mit h im Zähler) lassen sich Elementareinheiten für Intensitätsgrößen bilden mit h im Nenner: die Plancksche Energiedichte

$$\mathcal{U} = E/L^3 = Mc^2/L^3 = c^7/hf^2 \tag{4a}$$

bzw. die Plancksche Massendichte

$$P = M/L^3 = \mathcal{U}/c^2 = c^5/hf^2 \tag{4b}$$

und ohne h die Plancksche Kraft

$$K = MLT^{-2} = Q^2L^{-2} = c^4/f. \tag{5}$$

Während die Planckschen Einheiten (1) und auch die Planckschen Intensitäten (4a, 4b) von allen drei Konstanten h, c und f abhängen — und die Temperatur (2) auch noch von der Boltzmannschen Konstante k —, hängen dagegen die Plancksche Ladung (3) nur von h und c und die Plancksche Kraft (5) nur von c und f ab. — Vollständige physikalische Theorien (einheitliche Feldtheorie, Super-GUT) müssen allgemein-relativistische Quantenfeldtheorien sein und h, c und f enthalten. In diesen Theorien haben die Planckschen Größen ihre physikalische Bedeutung als Extremalwerte oder als Meßschranken. Es gibt aber neben den „Ein-Konstanten-Theorien", der Quantenmechanik (h), der Speziellen Relativitätstheorie (c) und der Newtonschen Gravodynamik (f) auch „Zwei-Konstanten-Theorien", die natürlich ebenfalls noch unvollständig sind: Die speziell-relativistischen Quantenfeldtheorien (bzw. GUT) mit h und c und die Allgemeine Relativitätstheorie (Einsteinsche Gravitationstheorie) mit c und f. (Eine h-f-Theorie, das wäre eine nichtrelativistische Quanten-Gravodynamik, ist wohl niemals ernsthaft diskutiert worden.)

Wegen der Universalität der Konstanten h, c, f und k haben die aus ihnen gebildeten Planckschen Größen prinzipielle Bedeutung. Die Planckschen Extensitäts-Größen (1) implizieren das ultrarelativistische „Planckion" als extremalen Zustand von („punktförmigen") Partikeln. Ihre effektiven Radien – Materie-Wellenlänge $\approx h/Mc$, klassischer Teilchenradius Q^2/Mc^2 und Gravitationsradius fM/c^2 – sind gleich und durch die Plancksche Länge L gegeben:

$$h/Mc = Q^2/Mc^2 = fM/c^2 = \sqrt{hf/c^3} = L.$$

Die Energie

$$Mc^2 = \sqrt{hc^5/f} \approx 10^{19}\,\text{GeV}$$

ist die maximale Energie von Elementarteilchen. Dementsprechend sind die Plancksche Länge L und die Zeit $T = L/c$ auch die kleinsten räumlichen Distanzen bzw. zeitlichen Perioden (oder Lebensdauern), die überhaupt meßbar und definierbar sind. Gleichzeitig bestimmen aber die Planckschen Einheiten L, T, M und Q auch die minimalen Werte der Extensitätsgrößen Länge, Zeit, Masse und Ladung, die überschritten werden müssen, damit ein Partikel als klassischer Test-Körper in einer vollständigen, allgemein-relativistischen Quantenfeldtheorie verwendbar ist.

Die Dimensionen einer Meßapparatur Δx, Δt, m und q in Raum, Zeit, Masse und Ladung müssen den Ungleichungen

$$\Delta x \geqq h/m\dot{x} \geqq L, \tag{6a}$$

$$\Delta t \geqq L/c = \sqrt{hf/c^5} = T, \tag{6b}$$

$$m \geqq M \tag{6c}$$

und

$$q^2 \geqq hc = Q^2 \tag{6d}$$

genügen.

Die Plancksche Temperatur $\Theta = Mc^2/k$ besagt als Intensitätsgröße, daß alle Begriffe der Atomistik, insbesondere der Partikel-Begriff, für Temperaturen $\vartheta > \Theta$ sinnlos werden, und es sind natürlich auch nur Meßkörper denkbar, deren Temperatur $\vartheta < \Theta$ ist.

Während die extensiven Planckschen Größen sich naturgemäß auf die einzelnen Körper bzw. Partikeln beziehen, sind die intensiven Größen Aussagen über Mittelwerte; die Planckschen Intensitäten führen von der Partikelphysik zur Kontinuumsphysik in Planckschen Dimensionen. Dies ist evident bei der Planckschen Temperatur Θ. Im Bereich der Planckschen Partikel-Energien E ist ultra-relativistisch zu rechnen. Es besteht dann gemäß der Speziellen Relativitätstheorie und dem Wienschen Gesetz die Einsteinsche Beziehung zwischen Partikel-Energie mc^2, mittlerer schwarzer Strahlungsfrequenz ν und Temperatur ϑ:

$$h\nu \sim mc^2 \sim k\vartheta. \tag{7}$$

Eine Temperatur $\vartheta > \Theta$ würde daher eine Teilchenenergie

$$mc^2 > Mc^2 \tag{8}$$

verlangen.

Die Plancksche Kraft (5) ist von h unabhängig und daher eine makrophysikalische Größe; sie sagt aus, daß die gravische Selbstwechselwirkung eines Körpers der Masse m durch die Forderung beschränkt wird, daß im Gravitationspotential der Körperradius r größer als der Gravitationsradius des Körpers sein muß,

$$r \geqq fm/c^2 \to fm^2/r^2 \leqq fm^2(c^2/fm)^2 = c^4/f, \tag{9}$$

anderenfalls wäre der Körper ein (Laplacesches oder Einsteinsches) „black hole".

In einem homogen-isotropen Volumen ist die Massendichte durch

$$\varrho = m/(\Delta x)^3$$

gegeben. Würde ϱ die Plancksche Massendichte (4b) überschreiten,

$$\varrho \geqq M/L^3 = c^5/hf^2, \tag{10}$$

so setzt das entweder

$$m \geqq M \tag{10a}$$

oder

$$(\Delta x)^3 \leqq L^3 \tag{10b}$$

voraus. In jedem Falle muß die Materie-Wellenlänge (bzw. die Compton-Wellenlänge) der im Volumen $(\Delta x)^3$ vorhandenen Teilchen größer als die Plancksche Länge L sein:

$$h/mc \geqq \sqrt{hf/c^3}.$$

Wenn die Teilchenenergien $mc^2 < Mc^2$ sind, ist der Fall (10b) ausgeschlossen. Teilchen mit relativen Massen $m < M$ benötigten Volumina $(\Delta x)^3 \geqq L^3$. Das kleinste Volumen, in das Teilchen mit der Energie mc^2 hereinpassen, ist

$$(\Delta x)^3 = (h/mc)^3.$$

Daraus entnimmt man, daß (10) nur dann erreichbar ist, wenn die relativen Massen der einzelnen Partikeln im Volumen bereits größer als die Plancksche Masse M sind. In einem homogen-isotropen Volumen kann die Energiedichte $u = \varrho c^2$ nur dann größer als die Plancksche Dichte $\mathcal{U}$ sein, also (10) gelten, wenn die mittleren Partikel-Energien $\geqq Mc^2$ sind.

In einem relativistischen homogenen und isotropen Evolutionskosmos vom Friedmannschen Typ (ohne kosmologischen Term) ist die Hubble-Zeit

$$\tau = (\dot{R}/R)^{-1} = H^{-1} \tag{11a}$$

größenordnungsmäßig gleich der „Weltzeit". Dies ergibt hier für den Einsteinschen Radius R_0 der „sichtbaren Welt" und für das bisherige Weltalter τ_0 die Abschätzungen

$$R_0 \approx \frac{hc}{f\mu^2}\,\frac{h}{\mu c} \approx \left(\frac{hc}{f\mu^2}\right)^{3/2}\left(\frac{hf}{c^3}\right)^{1/2} \approx \omega^{3/2}L, \tag{11b}$$

$$\tau_0 \approx \frac{R_0}{c} \approx \omega\,\frac{h}{\mu c^2} \approx \omega^{3/2}T. \tag{11c}$$

Hierbei ist $m = \mu$ eine Baryonen-Ruhmasse und

$$\omega \approx \frac{hc}{f\mu^2} \approx 10^{40} \tag{12}$$

die Eddingtonsche kosmologische Zahl. Dabei beträgt die Zahl der Baryonen im Volumen $\sim R^3_0$

$$N = \omega^2 \approx 10^{80}, \tag{13a}$$

so daß die mittlere heutige Massendichte

$$\varrho_0 \approx \mu N/(R_0)^3 \approx \omega^{-3}c^5/hf^2 \tag{13b}$$

beträgt (N ist eine Integrationskonstante der Kosmologie). Die instantane Strahlungsdichte u_0 des Kosmos ist im wesentlichen die Dichte der isotropen schwarzen Hintergrundstrahlung von der Temperatur $\vartheta_0 \approx 3$ K. Damit gibt das Stefan-Boltzmannsche Gesetz die Abschätzungen

$$u_0 = \frac{k^4}{c^3 h^3} \vartheta_0^4 > \omega^{-2} \frac{\mu^4 c^5}{h^3} \approx \omega^{-4} \frac{c^7}{h f^2} \tag{14a}$$

mit der schwarzen Temperatur

$$\vartheta_0 > \omega^{-1} \Theta \approx \omega^{-1} \frac{Mc^2}{k}. \tag{14b}$$

Die relativistische Thermodynamik besagt für einen isentropisch-adiabatisch expandierenden isotropen Kosmos sowohl die Gültigkeit des Stefan-Boltzmannschen als auch des Wienschen Strahlungsgesetzes. Dies führt auf das Tolmansche und auf das Lauesche Gesetz

$$uR^4 = u_0 R_0^4 \geqq \omega^{-4} \mathcal{U} \omega^6 L^4, \tag{15a}$$

$$\vartheta R = \vartheta_0 R_0 \geqq \omega^{-1} \Theta \omega^{3/2} L. \tag{15b}$$

Die Kompatibilität dieser beiden Gleichungen garantiert die Plancksche Theorie der schwarzen Strahlung, so daß sich die Zahl der Lichtquanten bei einem isotrop-adiabatischen Prozeß nicht ändert.

Entsprechend dem Impulssatz

$$mvR = mv_0 R_0 \tag{16a}$$

werden alle Partikeln für $R \approx h/\mu c$ zu relativistischen Teilchen. Es gilt dann

$$h\nu R = h\nu_0 R_0 \geqq \omega^{1/2} Mc^2 L. \tag{16b}$$

Wegen des Satzes von der Erhaltung der Baryonen-Zahl können sich weder die Zahl N der Baryonen noch die Protonenruhmassen μ_0 ändern. Daher gilt

$$R^3 \varrho = N \mu_0 = R_0^3 \varrho_0. \tag{17}$$

Dies ist der Erhaltungssatz für die Ruhenergie in einem Evolutionskosmos.

Wir sehen so, daß für Plancksche Dimensionen $R \approx L$ die Ruhmassendichte (Baryonen-Dichte)

$$\varrho = N\mu_0/L^3 \approx \omega^{3/2}c^5/hf^2 \tag{18}$$

betragen würde, und daß andererseits die Plancksche Dichte $P = c^5/hf^2$ bereits für

$$R \approx \omega^{1/2}L = h/\mu_0 c \tag{19}$$

erreicht sein würde.

Da nun der minimale effektive Radius einer Elementarpartikel durch die Plancksche Länge L gegeben ist, ergibt sich der Minimalradius R^* des Kosmos aus

$$\omega^{-2}R^{*3} \approx L^3, \tag{20a}$$

so daß wegen der Erhaltung der Baryonen-Zahl und der Protonenmasse

$$R > \omega^{2/3}L \approx \omega^{1/6}h/\mu_0 c \tag{20b}$$

gelten muß.

Tatsächlich bewegen sich natürlich auch die Baryonen und werden gemäß (16a) für kleine Weltradien R zu ultra-relativistischen Partikeln. Aber auch diese können keine Materie-Wellenlängen hc/mc^2 besitzen, die kleiner als die Plancksche Länge L sind.

Das Gegenstück zum bewegungs- und druckfreien (Einsteinschen) Baryonen-Kosmos ist der reine Strahlungskosmos, in dem wegen der verschwindenden Ruhmasse der Quanten die Partikeln immer ultra-relativistische Teilchen sind, so daß stets (16b) gilt. In diesem Falle folgt aus (15a) und (15b), daß die Plancksche Energiedichte $\mathfrak{U}$ bzw. die Plancksche Temperatur Θ und damit die Plancksche Energie der Quanten nur dann nicht überschritten werden, wenn

$$R > h/\mu_0 c \approx \omega^{1/2}L \tag{21}$$

gilt.

In beiden Grenzfällen kann die Plancksche Ausdehnung L und die Plancksche Lebensdauer des Kosmos T niemals erreicht werden, weil bereits wesentlich früher die Planckschen Intensitätsgrößen überschritten werden. Hierbei gibt die Abschätzung auf Grund des Satzes von der Erhaltung der Baryonen-Zahl die schärfste Grenze an. Jedenfalls brechen alle physikalischen Theorien (und damit auch alle kosmologischen Szenarien) bereits dann zusammen, wenn

$$R \to h/\mu_0 c = \sqrt{hc/f\mu_0^2}\,\sqrt{hf/c^3} \tag{22}$$

gilt. Es können zwar „Heisenbergsche Sekunden“, aber niemals „Plancksche Sekunden“ des Kosmos realisiert werden.

Die Extrapolation der physikalischen Theorie und der kosmologischen Szenarien ist bereits für Zeiträume

$$\tau \approx R/c \leqq h/\mu_0 c^2 \tag{23}$$

und nicht erst für die „Plancksche Sekunde“

$$\tau \leqq L/c \approx \sqrt{hf/c^5} \approx \omega^{-1/2} h/\mu_0 c^2 \tag{23a}$$

unmöglich.

Aber diese Schranke (23) folgt aus der Planckschen Intensitätsgröße (2) und (4a, 4b); sie ist damit eine Folge der hfc-Theorien, d. h. der allgemein-relativistischen Quantenfeldtheorie. Die Planckschen Intensitäten überbrücken in der Geschichte des realen Kosmos den riesigen Hiatus von $\omega^{1/2}$ zwischen den Planckschen Extensitätsgrößen und denjenigen der Elementarteilchen-Physik.

Die unitären Feldtheorien vom Heisenbergschen Typ gehen von der Vorstellung aus, daß an die Stelle der Elementarkonstanten h, c und f die 3 Konstanten

$$h, c \text{ und } \mu_0 \ (\text{bzw. } l = h/\mu_0 c) \tag{24}$$

treten sollten. Dies entspricht gemäß (1) der Einführung einer „starken“ Kopplungskonstante

$$G = hc/\mu_0^2 \tag{25}$$

anstelle der Gravitationskonstanten f. (23) und (24) zeigen an, daß wegen der Geschichte des realen Kosmos in diesem nicht die Planckschen Größen (1), sondern die Heisenbergschen Größen

$$\frac{h}{\mu_0 c} = \sqrt{\frac{hG}{c^3}}, \quad \frac{h}{\mu_0 c^2} = \sqrt{\frac{hG}{c^5}}, \quad \mu_0 = \sqrt{\frac{hc}{G}} \tag{26}$$

realisiert sind. Eddingtons Zahl ist also tatsächlich eine Integrationskonstante des realen Kosmos.

1.5. Anmerkungen zur Rolle der Elementarkonstanten

1. Die Gegenüberstellung extensiv-intensiv scheint nicht produktiv weiterführend zu sein. Sie ist ebenso formal wie die Einführung einer Temperatur nach (2) und sagt physikalisch nichts Neues aus: Mc^2 bezieht sich auf das „Einzelobjekt", T aber ist nur sinnvoll für ein kooperatives Phänomen, an dem viele Objekte beteiligt sind. Von Temperatur kann man jedoch nur sprechen, wenn man weiß, was ein Thermometer ist, und das mißt natürlich Mittelwertsgrößen (vgl. hierzu M. Planck „Theorie der Wärmestrahlung" oder N. Bohr „Faraday lecture").

2. Ein aus „Elementarkonstanten" gebildeter Ausdruck kann physikalisch etwas Wesentliches aussagen, sofern wir dafür einen meßbaren Beleg angeben können.

Der aus e, m, c gebildete Ausdruck $r_e = e^2/mc^2$ von der Dimension einer Länge hat einen physikalischen Sinn, den des klassischen „Elektronenradius", weil πr_e^2 als Streuquerschnitt eines freien Elektrons für Licht meßbar ist.

Ebenso ist die Larmor-Frequenz $\omega_L^0 = \omega_L/B = e/2mc$ direkt bei der Zeeman-Aufspaltung meßbar. Analoges gilt auch für das Bohrsche Magneton $\omega_L^0\hbar$ und insbesondere für das Verhältnis des magnetischen zum mechanischen Moment des Elektrons g. Schließlich ist h/mc die Compton-Wellenlänge und als solche durch Messungen ermittelbar.

Wenn diese Kombinationen aus e, m und c ganz zweifellos physikalisch bedeutungsvoll sind, so ist das keineswegs sicher, wenn man e durch andere Ladungen ersetzt. Es ist kaum mehr als eine formale Analogie. Außerdem ist bei Austauschkräften der Abfall mit dem Abstand exponentiell, und der Ansatz e^2/r für die potentielle Energie trifft nicht mehr zu.

3. Die Aussage von Einstein, daß Kombinationen von Elementarkonstanten, die auf dimensionslose Größen führen, physikalisch etwas aussagen, wenn sie von der Größenordnung 1 (mit einer Streubreite von $\sim 10^3$) sind, könnte auch so interpretiert werden, daß, wenn diese Größen etwa 10^{20} sind, das als Hinweis aufgefaßt werden kann, daß keine physikalisch gesetzmäßige Verknüpfung zwischen den Größen vorliegen kann, sondern ein Nebeneinander einer physikalischen und einer mathematischen Feststellung.

Wenn wir sagen, daß in einem Kubikzentimeter fester Substanz 10^{23} Atome enthalten sind, so regt sich niemand über das Auftreten der Zahl 10^{23} auf, und niemand kommt auf die Idee, daß zwischen

Atom und Kubikzentimeter eine tiefere Verbindung besteht. Und $6 \cdot 10^{23}$ Moleküle sind die Loschmidtsche Zahl!

4. Uns scheint, daß bei weitem nicht alle mit elementar-mathematischen Mitteln aus Elementarkonstanten herstellbaren Kombinationen physikalisch-inhaltlich etwas aussagen. Das könnte sein, wenn es sich bei den Gegenständen der Physik immer um „körperliche Objekte" handeln würde. Aber es ist ja so, daß dort, wo die Gegenstände der Physik als körperliche Objekte angesehen werden können, in der Begriffswelt der klassischen Physik, kein Platz ist für Elementarkonstanten, die tatsächlich, wie M. Planck vor 90 Jahren gesehen hat, etwas fundamental Neues und Überraschendes darstellen.

5. Es lohnt sich vielleicht anzusehen, was mit dem Wort „Elementarkonstanten" gemeint ist bzw. gemeint sein kann. Bestimmt hat der Begriff nur einen Sinn im Zusammenhang mit gewissen theoretischen Vorstellungen.

Es stimmt nicht, daß der skalare Betrag das allein Entscheidende ist. Denn bei c, der Lichtgeschwindigkeit, ist der vektorielle Charakter doch durch Definition klar, und der Charakter als Grenzgeschwindigkeit ist das Ergebnis profunder theoretischer Interpretation von Experimenten. Daß bei den verschiedenen Verfahren, die voneinander unabhängig sind, für c etwa immer der gleiche Wert herauskommt, würde ohne den theoretischen Hintergrund nicht zwangsläufig auf eine universelle Konstanz von c schließen lassen.

Analog ist es mit der Planckschen Konstante $\boldsymbol{h}$. Sie kam zunächst als skalare Größe zum Vorschein. Im Laufe der Zeit stellte sich aber heraus, daß es sich bei $\boldsymbol{h}$ um einen Drehimpuls handelt, der bei der atommechanischen Behandlung der Fourier-Komponente gemäß $\hbar\omega = h\nu$ einen skalaren Wert ergibt. Die Lorentz-Invarianz, die Planck alsbald für den Skalar festgestellt hatte, bleibt natürlich für den Drehimpuls erhalten.

6. Unserer Ansicht nach können wir an die Spitze der Elementarkonstanten c und $\boldsymbol{h}$ setzen, beides vektorielle Größen, Grenzgeschwindigkeit und Drehimpulsquant, beide in simplen Experimenten auf dem Niveau eines fortgeschrittenen Praktikums vorführbar.

7. Es ist aber so, daß die beiden fundamentalen Größen c und $\boldsymbol{h}$, die nach Planck „von nichts" abhängen — eine Neuigkeit gegenüber der klassischen Physik, wo alles von etwas abhängt! — natürlich wieder umfassende theoretische Voraussetzungen und tieferliegende Zusammenhänge widerspiegeln, und daß der skalare

Betrag nur einen Ausschnitt aus dem ganzen Problem darstellt. So ist es offenbar doch nicht verwunderlich, daß sich experimentell $e^2 \neq hc$ herausstellt, und daß h/mc als Quotient zweier Vektoren Quaternionen-Charakter hat und nicht kommutativ ist.

8. Wenn wir sagen, daß für h und c experimentell keine Abhängigkeit von irgend etwas festgestellt und auch theoretisch nicht begründet worden ist, so gilt das in noch stärkerer Weise für die elektrische Elementarladung e, die mit beiden Vorzeichen vorkommt.

Wir sollten meinen, daß die Permanenz von e ebenso sicher ist wie die des Drehimpulsquants und wie die Existenz der Grenzgeschwindigkeit c. Daß dimensionsmäßig $e^2 = hc$ ist, bleibt davon unberührt. Denn zahlenmäßig ist $e^2 \neq hc$!

Das ergibt allerdings eine von der Natur vorgezeichnete Rangordnung der Elementarkonstanten mit c, h und e an der Spitze.

9. Im Gegensatz hierzu gibt es kein Quant der Masse. Wegen der Trägheit der Energie könnte man aber das Energiequant $h\nu$ auch als Quant der Masse auffassen. Es ist keine obere Grenze für Massen festzustellen, sondern auf dem Hintergrund des Kontinuums, das die Massen der Quanten von 0 bis vielleicht Unendlich bilden, eine von einem Gleichgewicht extrem abweichende Verteilung mit riesigen Maxima bei Elektronenmasse und Protonenmasse.

Die Verbindung zwischen Trägheit und Gravitation ist universell im Sinne einer Proportionalität. Aber diese Proportionalität ist bestimmt nicht vom gleichen physikalischen Charakter wie die zwischen Zug und Dehnung, die auf einem physikalisch durchschaubaren Mechanismus beruht. Offenbar ist die Verbindung zwischen Trägheit und Gravitation „mathematischer" Art. Die Gravitation ist eine additive, nicht absättigbare Wechselwirkung mit der Reichweite unendlich. In diesem Punkt stimmt sie mit der elektromagnetischen überein. Ihre Kraft ist nach Größe und Richtung durch den lokalen Feldgradienten bestimmt. Die Trägheit ist offenbar teleskopisch-kosmisch fixiert, wie aus dem Kreiselverhalten und dem Foucault-Pendel ersichtlich. In beiden Fällen ist der skalare Anteil nicht die ganze Weisheit, sondern nur ein Teil.

Daß diese Proportionalität zwischen Trägheit und Gravitation auch für Atome und Moleküle gilt, ersieht man aus der Gültigkeit der barometrischen Höhenverteilung.

Aus all diesen Gründen halten wir eine uniforme Behandlung für h, c, e doch für recht problematisch. Welche Züge der Wirklichkeit sind so simpel, daß man hoffen kann, sie damit zutreffend wiederzugeben? Doch kaum mehr als einfache zahlenmäßige Zusammenhänge, d. h. elementar-mathematische!

10. Die Konstante k fällt natürlich aus dem Rahmen der anderen Elementarkonstanten heraus, was ja auch seit langem bekannt ist. Sie kommt immer nur in Kombination mit T vor. T ist aber eine Größe, die makroskopisches Geschehen beschreibt und an bestimmte Voraussetzungen (molekulare Unordnung) geknüpft ist. k stellt eine Verbindung her zwischen atomarem Einzel-Geschehen und kollektivem Verhalten, das bei ausreichend großer Anzahl der beteiligten Teilchen als neue Qualität auftreten kann, wenn man z. B. Elektronen nach der Beziehung

$$eU = mv^2/2 = kT$$

beschleunigt und das Ergebnis gleich kT setzt. Dann haben wir keineswegs damit eine thermodynamische aussagekräftige Temperatur hingeschrieben, sondern diese tritt nur dann auf, wenn das Prinzip der molekularen Unordnung wirksam und eine Mitteilung über die Geschwindigkeiten der Elektronen ausgeführt wird.

11. Bei allen Überlegungen sollte man die Erweiterung des physikalischen Horizontes durch die Maxwell-Hertzsche Elektrodynamik und Einsteins SRT nicht vergessen: Gestützt auf überzeugende Experimente ergab sich die Existenz einer Grenzgeschwindigkeit, die mit der Ausbreitungsgeschwindigkeit elektromagnetischer Wellen übereinstimmt. Damit wurde ein wesentlicher Bestandteil aller Messungen, die Übertragung von Energie und Signalen, an die Elektrodynamik gebunden. Sie hat, da die Messung in der Physik (sofern es sich um die exakten Teile der Physik handelt) eine entscheidende Rolle spielt, ebenfalls eine entscheidende Sonderstellung. Es ist keine andere Wechselstellung bekannt, die zum Signalisieren oder zur Energieübertragung benutzt werden kann und die deshalb in die Messungen eingeht.

In der Tat ist die formal ähnliche gravische Wechselwirkung nicht zu einer Signalübertragung geeignet; denn die Einsteinschen Gravitationsgleichungen $R_{ik} = 0$ besagen ja gerade, daß im freien Raum („Vakuum") Energie, Impuls, Spannungen und Momente des Gravitationsfeldes verschwinden. Der Einstein-Tensor $R_{ik} - \frac{1}{2} g_{ik} R$ ist der Energie-Impuls-Tensor des Gravitationsfeldes, und dieser ist im Vakuum eben Null.

Die elektromagnetischen Wellen sind an c und an e gebunden; sie implizieren die Existenz von Elementarmassen, die experimentell als Elektronenmasse $m = m_e$ und Protonenmasse $m = m_p (= \mu_0)$

festgestellt wurden. Wir können nichts messen, nichts über die Welt erfahren, ohne von dieser Möglichkeit Gebrauch zu machen.

Außerdem liefert die elektromagnetische Wechselwirkung die Erzeugung von träger Masse — einmal gemäß der SRT bei erhöhten Teilchengeschwindigkeiten als Massenzuwachs oder wegen der Trägheit der Energie als Trägheit der Lichtquanten, zum anderen gemäß dem Kleinschen Paradoxon durch Umwandlung kinetischer Energie in träge Masse an Potentialschwellen, und schließlich durch Photoionisation des Vakuums.

An allen diesen Erzeugungsmöglichkeiten für träge Masse sind c und e, im Fall des Photoeffekts auch h, beteiligt.

Es drängt sich auf, daß die das atomare Geschehen beherrschenden Konstanten c, e, h sind, und daß weitere Einflüsse allenfalls für die Selektivitäten im Massenspektrum bei m_e und m_p zuzulassen wären, die als unabhängig von c, e, h anzunehmen sind. Das Kontinuum der Massen der Lichtquanten hingegen ist bereits mit c, e, h verständlich. Leider gibt es aber nicht den geringsten Hinweis, wie die Gravitation am Zustandekommen des Spektrums der Teilchen mit Ruhmasse zu beteiligen wäre.

Die Konstanten k und h lassen sich auf Grund des Planckschen Strahlungsgesetzes aus den Wienschen und den Stefanschen Konstanten (bei bekanntem c) experimentell bestimmen. Dies ergibt zusammen mit der Bestimmung der makroskopischen Gaskonstanten R die Loschmidtsche Zahl L und erlaubt somit eine indirekte experimentelle Bestimmung von e. Andererseits hat e^2 dieselbe Dimension wie hc, und der Faktor 137 ist noch von der Größenordnung „Eins", so daß an sich zu erwarten wäre, daß e aus h und c theoretisch berechenbar ist. Daß dies die Quantenelektrodynamik nicht leisten konnte, war nach Pauli Einsteins größte Enttäuschung bei der Quantentheorie.

12. Man darf nicht vergessen, daß die Physik sich nicht auf die Physik von Elementarteilchen, Atomen und Elektronen reduziert, da es kooperative Phänomene gibt, die als selbständige physikalische Wesenheiten behandelt werden können, da auch für sie die Newtonschen Prinzipien Gültigkeit haben.

Derartige kooperative Phänomene sind äußerst zahlreich; die häufigsten sind Strömungen, Wirbel, Wellen, Solitonen und vielfältigste Kombinationen von diesen in beliebigen Variationen. Wie Euler für Strömungen gezeigt hat, lassen sie sich zurückführen auf die Newtonschen Bewegungsgleichungen durch Einführung nichtlinearer, das spezielle kooperative Phänomen beschreibender Glieder. Durch Berücksichtigung dieser nichtlinearen Anteile wächst die der Physik zugängliche Zahl der Erscheinungen außerordentlich. Welche davon im Kosmos mit 10^{80} Baryonen tatsächlich realisiert werden, kann man kaum abschätzen. Es scheinen aber die unglaublichsten Dinge in der Natur vorzukommen.

Wenn wir mit Einstein meinen, daß Verstehen in der Physik „Erfassen im Rahmen der Newtonschen Prinzipien (sinngemäß ergänzt durch SRT und Heisenbergsche Unbestimmtheitsrelation)" bedeutet, dann ist die Frage nach der Reduktion auf ein adäquates Niveau der Vorgänge zulässig. Aber es ist nicht gesagt, daß alles auf das Niveau der Einzelteilchen mit ihrer durch die Quantenphysik nachgewiesenen mikroskopischen Reversibilität reduziert werden kann, ohne das Wesen der Erscheinung zu opfern.

Die Newtonsche Physik (mit den o. a. Ergänzungen) läßt sich auf Dinge anwenden, deren Begriffe im Hinblick auf die mathematische Formulierung ihrer Prinzipien das zuläßt. Sie müssen aber nicht in allen Einzelheiten übereinstimmen. Außerdem ist die Leistungsfähigkeit des Vorgehens auf gewisse Klassen von Aussagen beschränkt.

Wenn wir z. B. Atome bei Normaltemperatur betrachten, so ist ihre kinetische Energie etwa 1/10 eV. 10 Atome würden zusammen 1 eV aufbringen. 25 Na-Atome würden also ausreichende Energie haben, um 1 Na anzuregen, wozu 2,1 eV gehören. Sie tun das natürlich nicht, da ihre Energie ungeordnet verteilt ist. Der Wärmeinhalt von 10^{22} Na addiert würde ausreichen, um ein Höhenstrahlteilchen von über 10^{20} eV zu ergeben. Ein Ereignis, was bekanntlich äußerst selten passiert.

Dennoch ist die Zusammenfassung solcher Energien zur Beschleunigung eines einzelnen nicht ausgeschlossen. Vor Jahren hatte bereits Fowler gemeint, die Höhenstrahlteilchen seien Spritzer großer Teilchenströme; Spritzer entstehen durch nichtlineare Effekte, wie Zerreißen einer Wasseroberfläche oder der Oberfläche eines Strahls.

13. Nach Bohr werden alle unsere Messungen und die Meßgeräte selbst durch die Newtonschen Prinzipien (mit den oben angeführten Ergänzungen) erfaßt.

Wir dürfen wohl meinen, daß in der Physik als verstanden angesehen, was in dieser Sprache der Meßgeräte ausgedrückt werden kann. In dieser Sprache ergibt sich aber — und das war die große Entdeckung von Einstein und Planck —, daß neben den gesetzmäßig verknüpften Abläufen mit strenger Reversibilität im Sinne Newtons auch stochastische Ereignisse (nach Art des radioaktiven Zerfalls) passieren, die definitionsgemäß nicht auf das determinierte Geschehen zurückgeführt werden können. In der Darstellung mit diesem Vokabular kann man natürlich mit den Elementarkonstanten (vielleicht mit Ausnahme von k) umgehen, muß aber in Kauf nehmen, daß die Antwort „es ist zufällig" zulässig ist. So könnte z. B. der ganze Kosmos und der Wert von f zufällig sein.

Unseres Erachtens ist der Wert der Gravitationskonstante f genauso kontingent wie die Werte von h und c. Die Kontingenz dieser Konstanten besagt ja eben, daß sie gemäß Planck von gar nichts mehr abhängen. Die Werte von h, c und f begründen hieße ja, die Konstanten auf etwas zurückführen zu können.

Vermutlich ist auch die Zahl der Baryonen und die Zahl der Photonen im Kosmos kontingent. Aber das Machsche Prinzip und die Eddingtonschen Relationen verlangen dann, daß mit Hilfe dieser kosmologischen Zahlen alle Konstanten der Elementarteilchen-Physik aus den Planckschen Konstanten h, c und f theoretisch deduzierbar sind, evtl. als wesentlich nichtlineare „Spritz-Phänomene". In diesem Sinne wäre Einsteins Kriterium zu ergänzen: Es können nicht nur Zahlen-Verhältnisse von der Größenordnung Eins, sondern auch kosmische Zahlen-Verhältnisse auftreten.

Wir haben aber seit Heisenberg, Dirac und Pauli gelernt (eigentlich schon seit H. Hertz), daß in der Sprache einer allgemein formulierten Mechanik, in der nicht zwangsläufig die Multiplikation kommutativ ist, die Sache anders aussieht. Wir wollen nicht wiederholen, was wir selbst über die virtuelle Welt geschrieben haben. In dieser allgemeineren Formulierung, über die wir zwar in mathematischen Begriffen, aber ohne Zusammenhänge mit physikalischen Begriffen sprechen können, gibt es offenbar keinen Zufall, so wie es keine Unbestimmtheitsrelation, sondern Vertauschungsrelationen gibt.

Was wird in dieser Sprache aus Elementarkonstanten? Sie sind doch offenbar dann nicht mehr „elementar"? Vielleicht mit Ausnahme von h und c. Aber was bedeutet „Vakuum", denn c ist konstant als Vakuumgeschwindigkeit?

Wir glauben, daß die übliche Handhabung der Elementarkonstanten eben dort in dem Umfang praktikabel bleibt (wieder mit Ausnahme von k), wo man in der Sprache, in der wir über unsere Messungen sprechen, verbleibt. Sie ist aber offenbar nicht die allgemeinste und offenbar auch nicht die adäquate Form des Ausdrucks.

Literatur

[1] Auth, J.; Herrmann, R.: Quantisierung des 2-dimensionalen Elektronengases in Inversionsschichten. Ann. Phys. (Leipzig) **42** (1985) 347.
[2] Böer, K. W.: High-Field Carrier Transport in Inhomogeneous Semiconductors. Ann. Phys. (Leipzig) **42** (1985) 371.
[3] Ebeling, W.; Engel-Herbert, H.; Herzel, H.: On the Entropy of Dissipative and Turbulent Structures. Ann. Phys. (Leipzig) **43** (1986) 187.
[4] Fuchs, K.: Dialektischer Materialismus in der Quantentheorie. Ann. Phys. (Leipzig) **42** (1985) 409.
[5] Ivanenko, D.; Obukhov, Yu. N.: Gravitational Interaction of Fermion Antisymmetric Tensor Fields. Ann. Phys. (Leipzig) **42** (1985) 59.
[6] Kolditz, L.: Sind Festkörperreaktionen ohne Beteiligung von Wasser möglich? Ann. Phys. (Leipzig) **42** (1985) 485.
[7] Lanius, K.: Das Axion-Problem. Ann. Phys. (Leipzig) **42** (1985) 476.
[8] Lauterbach, R.: Die Hypothesen der Erdexpansion im Lichte paläogeophysikalischer Ergebnisse. Ann. Phys. (Leipzig) **42** (1985) 489.
[9] Thiessen, P. A.; Treder, H.-J.: Ab initio ex eventu. Ann. phys. (Leipzig) **42** (1985) 326.
[10] Watznauer, A.: Gemeinsame Aspekte und Probleme in Physik und Geologie. Ann. Phys. (Leipzig) **42** (1985) 533.
[11] Woschni, E. G.: Zu Verletzungen des Abtasttheorems und deren Folgen. Ann. Phys. (Leipzig) **43** (1986) 390.

2. Niels Bohr

2.1. Zum 100. Geburtstag

Niels Bohr ist einer der drei großen physikalischen Denker, die in den ersten 20 Jahren unseres Jahrhunderts die begrifflichen Fundamente jener neuen Aspekte der Wirklichkeit, die die Physik vermittelt hat, geschaffen haben, und auf die wir auch heute den gesamten Fortschritt der Physik sowie ihrer technischen und gesellschaftlichen Anwendungen begründen. Es sind dies Max Planck, Albert Einstein und Niels Bohr.

„Wenn dereinst eine spätere Generation die Geschichte der physikalischen Fortschritte unserer Zeit darstellen wird, wird sie mit dem Namen von Niels Bohr einen der bedeutsamsten Fortschritte zu verbinden haben, den unsere Erkenntnis vom Wesen der Atome je gemacht hat. Es war bereits bekannt, daß die klassische

Mechanik den Bausteinen der Materie gegenüber versage, sowie daß die Atome aus positiv geladenen Kernen bestehen, die von einer relativ losen Elektronenhülle umgeben sind. Aber die empirisch weitgehend bekannte Struktur der Spektra unterschied sich so wesentlich von dem, was nach unseren alten Theorien erwartet werden konnte, daß niemand eine Möglichkeit für eine überzeugende theoretische Deutung der beobachteten Gesetzmäßigkeiten sah. Da fand Bohr im Jahre 1913 eine quantentheoretische Deutung der einfachsten Spektra, für welche er in kurzer Zeit eine solche Fülle quantitativer Bestätigungen beibrachte, daß die kühn gewählte hypothetische Basis seiner Betrachtungen bald eine gesicherte Stütze für die Physik der Atome wurde. Trotzdem noch nicht ein Jahrzehnt seit Bohrs Entdeckung vergangen ist, beherrscht heute schon das von ihm ersonnene und in seinen Hauptzügen großenteils von ihm ausgebaute Gedankensystem die Atomphysik und die Chemie in solchem Maße, daß alle früheren Deutungsversuche dem Fachmann aus einer längst entschwundenen Zeit zu stammen scheinen. Die Theorie der Röntgenspektra, der sichtbaren Spektra, des periodischen Systems der Elemente ruht in erster Linie auf Bohrs Gedanken."[1])

So Einstein in der Laudatio bei der Wahl Niels Bohrs zum Korrespondierenden Mitglied der Preußischen Akademie der Wissenschaften im Jahre 1922. Zu Recht wird Bohr hierin wegen seiner Leistungen bis 1920 als einer der bedeutendsten Wissenschaftler bezeichnet, 1922 bekam er dafür den Nobelpreis für Physik. Doch sollte seine „Fähigkeit intuitiven Erfassens verborgener Dinge" auch bei der weiteren Entwicklung der Quantentheorie eine entscheidende Rolle spielen.

Außerordentlich bedeutungsvoll für die Entwicklung der Physik wurde die über mehrere Jahrzehnte reichende Diskussion zwischen ihm und Einstein über die Rolle der Quantentheorie, die zu einer Durchmusterung der Fundamente der Physik führte. Bei dieser Diskussion hatte, wie Pauli feststellte, Einstein einen engeren Begriff der Wirklichkeit vorausgesetzt als Bohr, da ersterer die Betonung auf die strenge Gesetzlichkeit legte und die dialektische Einheit von Gesetzlichkeit und Zufall in der Wirklichkeit, wie er sie selbst 1917 erkannt und Bohr sie anerkannt hatte, nicht wahrhaben wollte. Die Diskussion zwischen Bohr und Einstein war von

[1]) Aus der Laudatio für die Wahl Niels Bohrs 1920 zum Korrespondierenden Mitglied der Preußischen Akademie der Wissenschaften von Albert Einstein.

fundamentaler Bedeutung für die Klärung von Grundlagen der Physik, aber auch der Mathematik, und eine Fortsetzung der Bemühungen von Helmholtz und Planck.

Bohr besaß die Fähigkeit, seine Leidenschaft für Physik auf einen großen Kreis meist jüngerer Kollegen zu übertragen. Kopenhagen wurde ein Mekka der modernen Physik. Wir besitzen zahlreiche Schilderungen aus der Feder seiner Schüler von höchstem physikhistorischem Wert — es sei nur an die Darstellung von Heisenberg in seinen letzten Büchern oder an den Briefwechsel mit Pauli erinnert.

Die einzigartige Wissenschaftskooperation, die sich über Bohrs Kopenhagener Institut im Zuge der Entwicklung der Quantenphysik vollzog und der die Weltwissenschaft so unendlich viel verdankt, war eines der ersten Opfer der Machtergreifung der Faschisten in Deutschland: Die „Kopenhagener Physik" wurde als „jüdisch-talmudistische, bolschewistische" Physik deklariert und verfemt; immerhin sollte damals bereits die friedliche Zusammenarbeit der Wissenschaftler aus aller Welt, insbesondere auch aus der Sowjetunion, weitgehend zusammenbrechen. Viele der Schüler Bohrs mußten aus Deutschland emigrieren und später nach Ausbruch des zweiten Weltkrieges auch Europa verlassen. Der Dialog zwischen Bohr und den vielen hochbegabten, ständig sich erneuernden jungen Geistern aller Nationen, dem die Weltwissenschaft diesen einmaligen Vorstoß in absolutes Neuland der Erkenntnis verdankt, verstummte und konnte auch nach dem Ende des zweiten Weltkrieges nicht mehr in der alten Intensität zustande kommen. Das war zweifellos eine der größten Schädigungen der wissenschaftlichen Entwicklung in der Welt, die wesentlich auf das Konto des deutschen Faschismus gesetzt werden muß.

2.2. Bohr und die Elementarkonstanten

M. Planck verdanken wir den Begriff der „Elementarkonstanten" als Weiterführung der Helmholtzschen Entdeckung eines Ladungsquants e. Bei Planck sind es die Größen h (Wirkungsquantum), c (Lichtgeschwindigkeit), e (Elektronenladung), m (Elektronenmasse), M (Protonenmasse), k (Boltzmann-Konstante) und f (Gravitationskonstante). Max Planck vermutete, daß e, m und M auf h, c und f zurückzuführen seien.

A. Einstein verdanken wir den Begriff der Grenzgeschwindigkeit c und damit verbunden den der Äquivalenz von Energie und Masse oder der Trägheit der Energie; ferner den Begriff der Lichtquanten, der sich aus dem rätselhaften Vorgang des Photoeffekts an Metallen oder einzelnen Atomen ergab.

M. Planck und A. Einstein hofften zunächst, daß h und c zusammen e liefern würden. Der merkwürdige Faktor

$$\alpha = \frac{e^2}{\hbar c} \approx \frac{1}{137}$$

$(\hbar = h/2\pi)$

zerstörte diese Hoffnung.

Max Planck glaubte, daß es möglich sei, das Wirkungsquantum h aus der inneren Struktur der Atome herzuleiten. (Die sog. „zweite Version" von Plancks Quantenhypothese beruhte auf dieser Vorstellung.) Einstein dagegen betonte, daß das Plancksche Wirkungsquantum viel fundamentaler sei als jede Modellaussage über die Struktur des Atoms. Einstein sagte, daß es nach Maßgabe der Planckschen Konstante nicht sinnvoll ist, das Plancksche Strahlungsgesetz auf die Struktur der Atome zurückzuführen, sondern daß es vielmehr geboten sei, die Struktur der Atome aus der Existenz der Planckschen Konstante zu begründen. Bohr nahm Einsteins Idee auf und entschied sich dafür, daß das Plancksche Wirkungsquantum die Struktur der Atome bestimmt und nicht eine Folge des speziellen Aufbaus der Atome ist. Dabei ging Bohr über Planck und Einstein hinaus: Er erkannte, daß das Plancksche Wirkungsquantum nicht nur eine Zahl, ein Skalar ist, sondern ein axialer Vektor und daß damit nicht nur die Wirkung, sondern auch der Drehimpuls gequantelt ist.

Bohr begründete auf diese Weise die „Richtungsquantelung", die u. a. zum Begriff des „Bohrschen Magnetons"

$$\mu_B = \frac{e\hbar}{2mc}$$

führte, dessen Existenz bereits 1915 von A. Einstein und W. J. v. de Haas an der damaligen Physikalisch-Technischen Reichsanstalt Berlin durch den gyromagnetischen Effekt grundsätzlich gezeigt wurde. Den allgemeinen Nachweis der Richtungsquantelung erbrachten 1921/22 O. Stern und W. Gerlach. Den bei beiden Effekten fehlenden Faktor 2 erklärte die Entdeckung des Elektronenspins (mit dem Eigendrehimpuls $\hbar/2$) durch Goudsmit und Uhlenbeck (1925), der ein von der Bahnbewegung des Elektrons unabhängiger Drehimpuls ist.

2.3. Bohrsche Postulate

Die Physik macht dem forschenden Geist immer neue Aspekte der Wirklichkeit zugänglich, indem sie eine adäquate Erweiterung des Begriffsinventars ermöglicht. Wobei die von ihr geprägten Begriffe mit Meßvorschriften verbunden sind, die eine Quantifizierung von Größen erlauben und damit das Tor für eine mathematisch-theoretische Behandlung öffnen. In diesem Sinne war die Tat von Bohr fundamental.

Bohrs Kühnheit bestand darin, zu behaupten, im Atomaren würde eine zwangsläufige Kopplung realisiert durch „verlustfrei" existierende Zustände, den „Grundzuständen der Atome", die ewig halten, und durch „Quantensprünge" von Zufallscharakter, durch welche auch angeregte Zustände der Atome mit endlicher Lebensdauer (mit endlicher Übergangswahrscheinlichkeit) entstehen und wieder vergehen können. Die Quantensprünge tragen den Charakter echter Zufallsereignisse, die einer näheren Erklärung nicht zugänglich und auch nicht bedürftig sind (Pauli). Bohr schrieb dazu:

„... An prinzipiellen Voraussetzungen wurde benutzt:

1. Das dynamische Gleichgewicht der Systeme in den stationären Zuständen kann mit Hilfe der gewöhnlichen Mechanik beschrieben werden, während der Übergang der Systeme zwischen verschiedenen stationären Zuständen nicht auf dieser Grundlage behandelt werden kann.
2. Dem letzteren Prozeß folgt die Emission einer *homogenen* Strahlung, für die das Verhältnis zwischen der Frequenz und der emittierten Energiemenge durch die Plancksche Theorie gegeben ist.

Die erste Voraussetzung ergibt sich von selbst, da bekannt ist, daß die gewöhnliche Mechanik keine absolute Gültigkeit haben kann, sondern nur bei der Berechnung gewisser Mittelwerte der Elektronenbewegung gilt. Andererseits brauchen wir bei Berechnungen des dynamischen Gleichgewichts eines stationären Zustandes, in dem keine Verschiebung der Teilchen relativ zueinander auftritt, nicht zwischen den wirklichen Bewegungen und den Mittelwerten zu unterscheiden. Die zweite Voraussetzung steht in offensichtlichem Widerspruch zu den herkömmlichen

Vorstellungen der Elektrodynamik, scheint aber notwendig zu sein, um die experimentellen Fakten zu erklären...".[1])

Bohr hatte damals als erster die Kopplung von mikroskopischer Reversibilität und Stochastik gefordert, die von Einstein auf Grund der „Bohrschen Postulate" dann 1917 zu seiner hervorragenden Darstellung der Wechselwirkung eines Bohrschen Atoms mit der Strahlung ausgebaut wurde. In ihr wurden die Bohrschen Begriffe als kompatibel mit der Reversibilität der Newtonschen Prinzipien und der Thermodynamik nachgewiesen. Die Kopplung mit der Stochastik der Quantensprünge führt, wie Pauli, Born und Jordan zeigten, zwangsläufig zur Wahrscheinlichkeitsinterpretation der Quantenphysik.

Die Begriffe stationärer Zustand, Lebensdauer des Zustandes, Quantensprünge, der Wahrscheinlichkeit derselben als reziproke Lebensdauer des Zustandes, haben sich in der Physik seit jener Zeit festgesetzt. Sie sind unmittelbar dem Verständnis zugänglich, wenn auch nicht erklärbar, und auch experimentell in sehr einfacher und direkter Form darstellbar und vorführbar.

Die Bohrschen Begriffe sind so praxisfreundlich, daß sie alsbald weit über den Kreis der Physik in wohl alle Gebiete von Naturwissenschaft und Technik Eingang fanden, wobei Darstellungen wie Sommerfelds „Atombau und Spektrallinien" eine außerordentlich wichtige Rolle gespielt haben. Sie waren einprägsam und beschrieben die in der Natur gegebene Situation so treffend, daß sie selbst für jeden Ingenieur eine Hilfe zum Verständnis komplizierter Vorgänge außerhalb des Kompetenzbereichs der klassischen Physik bedeuteten. In gewisser Hinsicht war der Umgang mit den Bohrschen Begriffen, mit den einfachen Bilanzgleichungen, die sie ermöglichten, wesentlich unkomplizierter als die Differentialgleichungen der klassischen Physik mit ihren verschiedensten Materialkonstanten und Randbedingungen. Wir behaupten, daß durch die Entwicklung der Physik, die die Bohrschen Postulate ausgelöst hatten, ein großer Teil der Vakuumelektronik, der Physik der elektrischen Lichtquellen, der Plasmaphysik, der Halbleiter und ihrer Bauelemente überhaupt erst in den Nutzungsbereich der Technik einbezogen werden konnte. Darüber hinaus sind Wirkungen in Chemie und Biologie nicht zu übersehen.

---

[1]) Siehe D. ter Haar, Quantentheorie. Einführung und Originaltexte. Akademie-Verlag Berlin, Pergamon Press Oxford, Vieweg & Sohn Braunschweig 1970, Seite 175.

2.4. Das Bohrsche Atommodell

Die erstaunliche Leistung, mit der Bohr weltberühmt wurde, war sein Atommodell, zunächst als Modell für das einfachste Atom (das Wasserstoffatom) entwickelt, das auf einer ab-initio-Berechnung des Atomradius a, d. h. der großen Halbachse der möglichen Bahnen der Elektronen um den Atomkern, sowie auf der Ionisierungsenergie des Atoms beruht, und zwar allein aus den Elementarkonstanten e, h, m und c. Eine solche ab-initio-Rechnung wurde überhaupt erst durch die Plancksche Konstante möglich. Da Bohr in ihr nicht nur den Skalar von der Dimension einer Wirkung sah, sondern ihre primäre Bedeutung als Quantum des Drehimpulses (und damit als Axialvektor) erkannte, konnte er dem Drehimpulsquant $h/2\pi$ die fundamentale Rolle für die Auswahl der stationären Zustände der Atomelektronen zuweisen.

Bohr schrieb dazu: „... In jedem aus positivem Kern und Elektronen bestehenden molekularen System, bei dem sich die Kerne relativ zueinander in Ruhe befinden und die Elektronen auf Kreisbahnen umlaufen, ist der Drehimpuls jedes Elektrons, bezogen auf das Zentrum seiner Umlaufbahn im Grundzustand des Systems, gleich $h/2\pi$, wobei h die Plancksche Konstante ist...“.

Nach der von A. Sommerfeld gegebenen relativistischen Fassung der Bohrschen Postulate lassen sich Bohrs ab-initio-Berechnungen auch auf die relativistische Quantenmechanik übertragen, und sie führten schließlich auch zur Quanten-Elektrodynamik (P. Dirac, 1928).

Beim Wasserstoffatom ergeben die Bohr-Sommerfeldschen Rechnungen (unter Einbeziehung des Elektronen-Spins) dieselben Terme wie die Schrödinger- (bzw. die Schrödinger-Pauli-) und schließlich die Dirac-Gleichung.

Gemäß der Speziellen Relativitätstheorie beträgt die Ruhenergie eines freien Elektrons mc^2. Die Bindung des Elektrons an den Atomkern mit der Coulomb-Anziehung $-e^2/a$ vermindert die Gesamtenergie des Systems Atomkern-Elektron, durch die kinetische Energie $mv^2/2$ wird sie erhöht.

Einerseits gilt der Virial-Satz $mv^2 = e^2/a$ (mit der Elektronen-„Geschwindigkeit“ v) und andererseits für den Bahn-Drehimpuls auf Grund von Bohrs Quanten-Postulat $mva = \hbar$. Daraus folgt der Bohrsche Atom-Radius

$$a = \frac{\hbar^2}{me^2}.$$

Damit beträgt die Gesamtenergie des Elektrons

$$E = mc^2 + \frac{1}{2}mv^2 - \frac{e^2}{a}$$

$$= mc^2 - \frac{1}{2}mv^2 = mc^2 - \frac{1}{2}\alpha^2 mc^2;$$

hierbei ist $\alpha = e^2/\hbar c$ wieder die Sommerfeldsche Feinstrukturkonstante.

Die Grundfrequenz ν, d. h. die Ionisierungsenergie $h\nu$ des Wasserstoffatoms, ergibt sich aus den Bohrschen Postulaten zu

$$h\nu = \frac{1}{2}mv^2 = \frac{1}{2}\alpha^2 mc^2.$$

Dies entspricht einer Grenzwellenlänge λ der zur Ionisation führenden Strahlung von

$$\lambda = \frac{c}{\nu} = 4\pi\frac{a}{\alpha} = \frac{2}{\alpha^2}\frac{h}{mc}.$$

Die Terme in der Formel für die Gesamtenergie sind so ersichtlich nicht-relativistisch: Die „Geschwindigkeit" des Elektrons in der ersten Bohrschen Bahn ist gerade $c/137$!

Später wurde gelegentlich argumentiert, daß diese Berechnungen von Bohr den wahren Sachverhalt nicht wiedergäben, da Matrizen- und Wellenmechanik die Unzulänglichkeit der klassischen Mechanik im atomaren Bereich nachgewiesen hätten. Aber, das möchten wir unterstreichen, Matrizenmechanik und Wellenmechanik erklären nicht, warum es stabile Zustände und Quantensprünge gibt. Sie setzen die Berechtigung dieser von Bohr eingeführten Begriffe voraus.

Die Möglichkeit einer ab-initio-Berechnung atomarer Größen war seinerzeit eine echte Sensation, deren Tragweite damals noch gar nicht übersehen wurde. Sie stützte natürlich die Auffassung von Planck, daß mit der Entdeckung der Elementarkonstanten eine ganz neue Qualität in der Erfassung der Wirklichkeit zustande gekommen war. Planck sagte von den Elementarkonstanten, „sie hingen von nichts, aber auch von gar nichts ab" und näherten sich damit solchen mathematischen Begriffen wie den ganzen Zahlen, die ja auch sozusagen von nichts, aber auch von gar nichts abhängen — außer, daß es etwas gibt, was man zählen kann!

Es verdient besondere Erwähnung, daß der Zufallscharakter der Quantensprünge als unmittelbarer Bestandteil der Wirklichkeit bestehen bleibt, auch wenn die Wirklichkeit nicht durch das einfache Planetenmodell, sondern durch Vorgänge in komplizierten Konfigurationsräumen gesetzmäßig erfaßt wird. Das gilt natürlich auch für die stabilen Grundzustände. Der Zufallscharakter der einzelnen Quantensprünge bleibt immer mit der statistischen Gesetzmäßigkeit des Zufalls und der Reversibilität des Systems verbunden.

Die Existenz der angeregten Zustände wurde kurz nach Bohrs Aufstellen seiner Postulate durch die Versuche von Franck und Hertz in Berlin in direkter Weise — man ist versucht zu sagen auf dem Niveau eines Fortgeschrittenen-Praktikums für Physiker — nachgewiesen; vor allem auch die Existenz der elastischen, verlustfreien Stöße zwischen Elektronen und Atomen vor Erreichen der Anregungsspannung. Allerdings muß man sagen, daß Franck und Hertz ihre Versuche zu anderen Zwecken konzipiert hatten und sich erst im nachhinein herausstellte, daß sie einen glänzenden Beweis für die Bohrsche Theorie darstellten.

2.5. *Komplementarität*

Unter den begriffsschöpferischen Leistungen von Bohr ist wahrscheinlich die produktivste, aber auch die am schwierigsten zu verstehende, die Bildung des Begriffs „Komplementarität". N. Bohr hat die Grenzen der Aussagefähigkeit der klassischen „a prioristischen" Logik erkannt und als unbefriedigend zum Erfassen der Wirklichkeit empfunden. Und es ist ja bekannt, daß die Entwicklung der modernen Physik zahlreiche Versuche ausgelöst hat, die Starrheit der „alten" Logik zu mildern. Solche Versuche gibt es auch heute noch, und es würde den Rahmen unserer Darstellung sprengen, wenn wir auf die vielen interessanten, unserer Meinung nach aber nicht sehr aussagefähigen modernen Ansätze eingehen wollten.

Eines aber ist sicher: Der Begriff Komplementarität, wie ihn N. Bohr wohl erstmalig in seinem berühmten Aufsatz „Licht und Leben" in den „Naturwissenschaften" Ende der 20er Jahre gebraucht hat, ist von bleibendem Wert, besonders in der wesentlich konkretisierten Form, in der seine Erläuterung in der „Faraday lecture" 1932 gegeben worden ist: Niels Bohr sieht dort eine Komplementarität zwischen den Aussagen der thermodynamischen Gesetze, in denen der Begriff Temperatur vorkommt, und der Bewegungsmechanik der einzelnen Atome. Die Aussagen der

Thermodynamik stützen sich auf Ergebnisse der Messungen mit Thermometern, die Aussagen der Atommechanik dagegen auf anderweitige Bestimmungen der für die Mechanik der Bewegung relevanten Parameter.

2.6. *Meßprozesse und Korrespondenzprinzip*

Bei der umfangreichen Diskussion zur Interpretation der Quantenmechanik und der Unbestimmtheitsrelation wurde die Rolle des Meßgerätes durch Bohr zu einer zentralen Frage erhoben. Sie ist es seitdem für die weitere Entwicklung der Physik und der Naturwissenschaften geblieben, wobei diese Hegemonie sich eher noch verstärkt hat, seit die Mikroelektronik in die physikalische Meßtechnik Eingang gefunden und ihr neue Betätigungsfelder, wie z. B. die Diagnostik in Medizin und Technik, erschlossen hat.

Bohr als ein Schüler und Mitarbeiter Rutherfords, der als erster die Wechselwirkung von schnellen Teilchen mit Atomen untersucht hatte, ging von dessen Vorstellung vom Aufbau der Atome aus, von denen das einfachste, das Wasserstoffatom, aus einem Kern, dem Proton, und einem in irgendeiner Form in der nächsten Umgebung des Kerns sich aufhaltenden Elektron bestand. Die experimentellen Mittel, deren sich Rutherford bediente, waren Streuexperimente, die den außerordentlichen Vorteil hatten, daß sie mathematisch-theoretisch nach den Methoden des klassischen Zweikörperproblems behandelt werden konnten. Sie besaßen die Besonderheit, daß die Messung unzweifelhaft das zu messende Objekt beeinflußte. So kam es zu der Vorstellung vom Aufbau des Atoms, wie sie Bohrs Arbeiten zugrunde lag, und im Zusammenhang damit zu den Betrachtungen zum Meßwert selbst.

Bohrs Theorie der Meßprozesse in der Quantenphysik beruht darauf, daß jedes Meßinstrument den Gesetzen der klassischen Physik genügen muß, und die Messungen überhaupt nur dann interpretierbar sind, wenn das Instrument so beschaffen ist, daß es als Gegenstand der klassischen Physik verstanden werden kann.

Im Gegensatz zu der Auffassung der Meßoperationen von Galilei bis Helmholtz, nach denen es möglich ist, den Einfluß der Meßinstrumente auf die zu erforschenden Strukturen und Prozesse prinzipiell beliebig klein zu machen — bzw. die stochastischen Meßfehler durch vielmaliges Wiederholen der Messungen approximativ auszuschalten (entsprechend der Gaußschen „Theoria

Motus“) —, besagt die Quantentheorie auf Grund der Existenz der Planckschen Konstante h, daß der Einfluß des Meßinstruments immer endlich ist und niemals die Grenze unterschreiten kann, die die Heisenbergsche Unschärferelation angibt (q — Orts-, p — Impulskoordinate): $\Delta q \, \Delta p \geqq h$.

Andererseits kann man prinzipiell aber immer auch gerade so gut messen, wie es die Plancksche Konstante (oder die Heisenbergsche Unschärferelation) gestattet. Dabei ist allerdings die Voraussetzung, daß die Meßinstrumente tatsächlich klassische Körper sind, was wiederum zu Ungleichungen führt, die N. Bohr (z. T. zusammen mit L. Rosenfeld) angegeben hat. Durch diese Beziehung zwischen Quantenphysik und klassischer Physik sind auch Korrespondenz-Prinzipien gegeben, die aussagen, wann der Einfluß des Meßprozesses auf den zu untersuchenden Vorgang vernachlässigt werden kann. (Für die Quantenelektrodynamik z. B. muß die Ladung Q des Meßkörpers $Q > \sqrt{\hbar c} \approx \sqrt{137}\, e$ betragen.)

Grundsätzlich bedeutet die Plancksche Konstante h eine „Quantelung des Phasenraums“. Die Volumenelemente ΔV_6 des 6-dimensionalen kleinen Phasenraums V_6 sind h^3; die Volumenelemente ΔV_{6N} des 6N-dimensionalen großen Phasenraums V_{6N} sind dementsprechend $\approx h^{3N}$.

Boltzmanns Behandlung der Atomistik beruhte auf einem Grenzübergang. Plancks Begründung der Quantentheorie — und damit das sog. „Plancksche Korrespondenz-Prinzip“ — sagt aus, daß die klassische Atomistik auf dem Boltzmannschen Grenzübergang $h \to 0$ beruht. Das „Bohrsche Korrespondenz-Prinzip“ besagt hingegen, daß für alle Systeme, deren Phasenvolumina den Ungleichungen $V_6 \gg h^3$ bzw. $V_{6N} \gg h^{3N}$ genügen, die klassische Physik zutrifft.

Das Bohrsche Korrespondenz-Prinzip liegt auch der Bohrschen Meßtheorie zugrunde. Das Plancksche Korrespondenz-Prinzip enthält — auf den Meßprozeß angewandt — diejenigen Paradoxien, die sich aus der Existenz der von der klassischen Mechanik vorausgesetzten „starren Meßkörper“ ergeben; Bohr zog daraus die Konsequenz, daß die atomistische Physik die Plancksche Konstante voraussetzen muß.

Aus der Diskussion zum Thema Meßprozeß und Interpretation der Quantenmechanik möchten wir nur die Bemerkung von Fock herausgreifen, daß bei aller Würdigung der zentralen Bedeutung des Meßvorgangs vor seiner Überbewertung im Prozeß der fortschreitenden physikalischen Erkenntnis zu warnen ist, da der schöpferische Gehalt der Theorienbildung sonst zu kurz kommt.

Wir wollen hier auf das bleibende Verdienst von Niels Bohr zur Herausarbeitung der wissenschaftlichen und praktischen Bedeutung des Meßprozesses hinweisen, der, im physikalischen Meßgerät vergegenständlicht, in unseren Tagen immer weiter in alle Zweige von Naturwissenschaft, Medizin und Technik eindringt und dort einen Übergang auslöst von der Sphäre der intuitiv-empirisch gewonnenen qualitativen Aussagen zu einer Form der Wissenschaft, die wir im Sinne von Helmholtz als „exakte" Wissenschaft bezeichnen.

Das Meßgerät ist überall die Sonde zur Erfassung der Wirklichkeit. Es liefert quantifizierte Daten, die ein mathematisches Bearbeiten ermöglichen und damit die Grundlage für eine theoretische Bearbeitung bilden, die ihrerseits zu exakten Begriffen führt. Da das Meßgerät selbst — nach Bohr — in der Sprache der klassischen Physik beschrieben werden kann und seine Ergebnisse in derselben Sprache beschreibbar sein müssen, liefert es zugleich auch die Möglichkeit der Kommunikation in den notwendigen Kooperationsbeziehungen der modernen Wissenschaft.

Das Meßgerät ist aber zugleich auch (durch seine nicht vermeidbare Rückwirkung auf das Geschehen) Sonde für einen Eingriff in das Geschehen und damit Ausgangspunkt einer technologischen Entwicklung. Das wird immer deutlicher bei den modernsten Technologien — von der Mikroelektronik bis zur Kosmosforschung.

3. Das Ganze ist mehr als die Summe seiner Teile

Kann der dialektische Widerspruch zwischen Ganzheit und Detail zu permanenter schöpferischer Wirkung führen? Hat es Sinn, Daten auf Vorrat zu gewinnen?

Mit diesen und weiteren Fragen um Diversifikation und Integration der Wissenschaft setzt sich dieses Kapitel auseinander.

1. Der Physik ist diese Problematik keineswegs fremd. Heisenberg nannte eines seiner späten Bücher „Der Teil und das Ganze". Von ihm stammt der Ausspruch „jedes Elementarteilchen besteht aus allen anderen". Das ist eine quantenfeldtheoretische Konkretisierung der bekannten These von Lenin, daß „ein Elektron genau so unerschöpflich ist wie das ganze Universum". Heisenberg zitierte Bohrs Vorliebe für einige Zeilen aus einem Gedicht von Schiller: „Aus der Fülle kommt die Klarheit, und im Abgrund wohnt die Wahrheit."

Zur Bestätigung konnte Bohr auf seine bahnbrechende Doktorarbeit hinweisen, wo ihm als erstem von einem umfangreichen spektroskopischen Material aus eine Synthese zweier experimentell gesicherter, mit der damaligen Physik nicht kompatibler Fakten gelang: der Ganzzahligkeit in den Gesetzmäßigkeiten der Linienserien der Atomspektren, sich ausdrückend in den Kombinationsprinzipien, und der objektiven Existenz elementarer Zufallsereignisse, die manifest werden im radioaktiven Zerfall. Das wurde aufgedeckt durch die Arbeit von E. Schweidler, die anerkannt und verwertet wurde von Planck und von Einstein. Von Bohr aus begann durch die Quantentheorie die Erfassung einer völlig ungeahnten Seite der Wirklichkeit.

2. Aber liegt hinter einer Fülle von Details immer „im Abgrund eine Wahrheit“? Diese Frage kann man getrost mit nein beantworten. 1300 Jahre wurde das ptolemäische Berechnungsverfahren praktiziert, ohne daß jemand, auch so geniale Wissenschaftler wie Copernicus und Kepler nicht, die Existenz der Trägheit, der universellen Gravitation und der Newtonschen Prinzipien auch nur geahnt hat. Das wurde erst durch Galileis Laborversuche hoher Erlebnisnähe (den Newtonschen Apfel dazugerechnet) angebahnt.

3. Der Fortschritt der Wissenschaft beruht auf der Einheit von Theorie und Experiment, einschließlich der Praxis der materiellen Produktion. Die Leistungsfähigkeit der Wissenschaft von heute ist enorm, allerdings auch der Aufwand. Bemerkenswerterweise kostet ein Experiment der Elementarteilchenphysik oder der Erschließung des Kosmos etwa ebensoviel wie die Entwicklung eines neuartigen mikroelektronischen Schaltkreises bis zur Produktion. Die Einheit solcher Kosten liegt bei etwa 100 Millionen. Die Leistungsfähigkeit unserer technisch hoch ausgestatteten Wissenschaft liefert eine Flut von Daten; das Problem besteht heute mehr denn je in ihrer qualifizierten Auswertung und Verwertung.

4. Die Auswertungskriterien ergeben sich aus einer außerhalb der Wissenschaft liegenden Aufgabenstellung pragmatisch und daher sowieso von selbst, denn die Aufgabenstellung sagt gewöhnlich auch aus, was man an Einzelheiten wissen muß, um die Aufgaben zu lösen, und mehr ist nicht obligatorisch.

5. Wenn aber diese Vorgabe von außen nicht vorliegt, ist die Sache komplizierter. Es ist sehr schwer, zumindest kurzfristig, aus der Wissenschaft selbst Kriterien für die sinnvolle Menge der Daten anzugeben. Die Spektroskopie vor Bohr hat 50 Jahre lang Daten

aufgehäuft. Das Werk von Kaiser und Kohnen „Die Spektrallinien der Elemente" erreichte fünfzehn Bände in Foliantenformat.

6. Von Paschen stammt 1924 der Ausspruch: „Die Herren in der Reichsanstalt sind keine Physiker, sie machen nur Aufgaben aus dem großen Kohlrausch, das allerdings mit größter Präzision – für die internationalen Tabellenwerke." Arzimowitsch sagte 1957 bei der Eröffnung einer Plasmatagung in Moskau: „Ich hoffe, daß zu den hoch interessanten aber unverständlichen Ergebnissen der letzten Tagung nicht weitere, nicht minder interessante, aber nicht besser verständliche, auf unserer Tagung hinzukommen."

Aber man muß billigerweise die Bedeutung und den Wert der Bemühungen des gesamten Wissenschaftlerkollektivs anerkennen, so wie v. Laue[1]) es in seiner „Geschichte der Physik" gemacht hat.

7. Wissenschaftliche Forschung ist nicht Datensammlung, sondern eine wertende Auswahl von Daten mit einer theoretisch begründeten Entscheidung über das für die Problemstellungen wesentliche und unwesentliche. Ebenso ist die sachgemäße Behandlung eines theoretischen Problems nicht die Berechnung alles Berechenbaren, sondern das Aufzeigen der die gesetzmäßigen Zusammenhänge widerspiegelnden mathematischen Strukturen, wobei dann gerade so viel zu rechnen ist, wie zur Aufklärung der Zusammenhänge notwendig ist.

Bei jedem Experiment sind die für die Aufgabenstellung wesentlichen Daten von der Vielzahl derjenigen zu unterscheiden, die irrelevant sind. Und die theoretisch begründete Problemstellung verlangt, von all demjenigen zu abstrahieren, was im Sinne von Pauli als „Stochastik" einer Erklärung weder fähig noch bedürftig ist.

8. Vor einigen Jahren hat die Klasse Physik in einer Sitzung das Thema „Intensivierung der physikalischen Forschung: Datenredundanz und Datenverdichtung" behandelt. Es sprachen Akademiemitglied Hans-Jürgen Treder und Akademiemitglied Karl-Heinz Schmelovsky. Um was ging es? H.-J. Treder berichtete, daß die Aufnahmen extragalaktischer Nebel mit dem Tautenburger Instrument ein so riesiges Material erbracht hätten, daß die Lagerung bis zu einer im Augenblick nicht machbaren Auswertung Schwierigkeiten bereitet. Seine Frage war: –sie ist auch heute berechtigt – „Hat es Sinn, Daten auf Vorrat zu gewinnen?" Wenn man die berühmte Einsteinsche Bemerkung zu Heisenberg

---

[1]) Max von Laue, Geschichte der Physik, Berlin 1959.

heranzieht, daß Daten ohne einen theoretischen Hintergrund, unter dem sie gewonnen und bearbeitet werden, keinen Sinn haben, dann ist klar, daß eine Speicherung von Daten ohne Vorgabe einer wissenschaftlichen oder praktischen Problemstellung keinen Sinn hat. Daten sammeln auf Vorrat birgt tatsächlich das große Risiko in sich, daß sie methodisch „experimentell und theoretisch" veralten.

Das Archivieren von Daten auf Vorrat erscheint im allgemeinen nur dann berechtigt, wenn — wie es etwa in der kosmischen oder terrestrischen Physik der Fall ist — permanent und unabhängig von unserer Technik ablaufende Erscheinungen untersucht werden sollen, zu deren Erforschung entsprechend langfristige Meßreihen notwendig sind. Wobei natürlich die Auswahl der zu messenden Daten vom jeweiligen Stand der theoretischen Bearbeitung des Phänomens abhängt. Daher ist auch hier ein Veralten in gewisser Hinsicht möglich!

9. Es zeichnet sich immer mehr ab, daß die Grunddisziplinen der Natur- und Gesellschaftswissenschaften eine hohe wissenschaftliche Berechtigung besitzen, weil sie sich jeweils für eine bestimmte Seite der Wirklichkeit durch Entwicklung eines gerade dieser Seite der Wirklichkeit angepaßten und angemessenen Begriffsinventars zuständig gemacht haben. Verbindungen zwischen den so entstandenen Grunddisziplinen sind selbstverständlich vorhanden, weil die Wirklichkeit eine Einheit darstellt. Aber auch das Erscheinen der berühmten Arbeit von Helmholtz von 1847 „Über die Erhaltung der Kraft", in der er die Gültigkeit der Grundgesetze der Physik in der gesamten Naturwissenschaft einschließlich Medizin nachwies, hat aus der Physiologie keine Physik gemacht, sondern die Autonomie der Physiologie nur unterstrichen. Die von der Physiologie entwickelten Begriffe behielten ihre wissenschaftliche Berechtigung voll bei und wurden nur konsolidiert durch die Grundbegriffe der Physik. Es ist auch von Helmholtz kein Versuch unternommen worden, aus Physiologie und Physik eine neue Disziplin zu machen. Das blieb dem Zeitalter von Nernst und Ostwald vorbehalten, jener Zeit, in der die Kapitalisten begannen, aus der Wissenschaft ein Geschäft zu machen.

10. Weil die von den einzelnen Grunddisziplinen entwickelten, der jeweiligen Seite der Wirklichkeit angepaßten Begriffe auf verschiedenem Wege gewonnen werden, sind sie untereinander nicht „konvertierbar". Das gilt übrigens auch in der Physik seit Boltzmanns Begründung der statistischen Thermodynamik auf der Basis der Atomistik. Bohr hob hervor, daß gemäß Boltzmann

zwischen den Begriffen der Thermodynamik und der Dynamik der Atome Komplementaritätsbedingungen herrschen.[1]) Es ist das auch ein Einwand gegen die Grenzdisziplinen: ihre nicht adäquate begriffsschöpferische Qualität. Sie verknüpfen häufig nicht konvertierbare Begriffe und schaffen damit eine Fülle von Einzelaussagen, die nur Bedeutung für Spezialfälle haben, aber mit dem Anspruch auf Allgemeingültigkeit.

Was die Physik anbelangt, so sei an Einstein erinnert, der in seiner Ansprache in unserer Akademie zum 60. Geburtstag[2]) von Planck gesagt hat, was die Physik leisten kann: „höchste Reinheit, Klarheit und Sicherheit auf Kosten der Vollständigkeit. Denn der Physiker muß sich „stofflich" um so mehr bescheiden, indem er sich begnügen muß, die allereinfachsten Vorgänge abzubilden, während alle komplexen Vorgänge nicht mit jener subtilen Genauigkeit und Konsequenz, wie sie der theoretische Physiker fordert, durch den menschlichen Geist nachkonstruiert werden können". Trotzdem können solche Prozesse aber empirisch-intuitiv beherrscht werden, und diese bahnen dann immer wieder das Aufsteigen zur nächsten Stufe der Erkenntnis an, wenn es zur Entwicklung des Begriffsinventars kommt.

11. Die bekannte Redewendung, daß „das Ganze mehr ist als die Summe seiner Teile", scheint daher einen Kommentar zu verdienen. Methodisch scheiterte die peripatetische Physik des Aristoteles an ihrem Versuch, die Bewegungsgesetze in der Natur in toto zu erfassen. Schon Aristoteles kam dabei zu dem Schluß, daß dies nur auf Kosten der Exaktheit der Aussagen möglich ist. Die Exaktheit der Naturwissenschaften begründete dagegen Galileis Methode, einige scharf definierte Eigenschaften und Relationen experimentell herauszuarbeiten und bei Abstraktion von aller Stochastik deren Gesetzmäßigkeit zu erforschen, derart, daß sie einer eindeutigen mathematischen Darstellung fähig sind. Andererseits ist ein „Hund" mehr als die Summe der ihn bildenden Moleküle. Allerdings ist das ganze Gebilde „Hund" nicht Gegenstand der Physik, sondern der Zoologie beziehungsweise der Verhaltensforschung. Der Hund ist ein kompliziertes kooperatives Phänomen, das aus der Dynamik der es bildenden Atome nicht automatisch verständlich und auch nicht vorhersehbar ist. Das „mehr" ist offenbar berechtigt vom Standpunkt der gesamten Wissenschaft in ihrer

[1]) Niels Bohr, Faraday Lecture 1930, J. Chem. Soc. **134** (1932), S. 349.

[2]) Siehe Albert Einstein, Motive des Forschens. In: Zum 60. Geburtstag von Max Planck, Hofbuchhandlung Karlsruhe 1918.

Einheit. Damit ist klar: Die Persistenz der Gesetze der Physik in allen „Ebenen der Realität" bedeutet selbstverständlich nicht die Reduzierbarkeit aller Gesetzmäßigkeiten auf die Physik. Sie besagt aber, daß die Gesetze der Physik immer und unter allen Umständen gelten, sofern die in sie eingehenden Begriffe adäquat sind, so daß sie sowohl innerhalb eines Sterns als auch innerhalb des menschlichen Gehirns wahr sind.

Für alle Fragen, die legitim in den Begriffen der Physik formulierbar sind, ist die Physik zuständig, und die physikalischen Gesetzmäßigkeiten gelten völlig unabhängig davon, zu welchem „Ganzen" sich die Teilchen und Felder zusammengefügt haben. Andererseits zeigt bereits die Eulersche Erweiterung der Newtonschen Bewegungsgesetze für Kontinua, daß das nur möglich ist, wenn man eine neue Qualität, nämlich die Nichtlinearität des Problems zuläßt, die einen neuen Begriff: „Strömung" erfordert.

12. Eine naturwissenschaftliche Theorie ist eine Einheit von inhaltlicher Interpretation und von mathematischem Algorithmus. In der Physik ist diese inhaltliche Interpretation gegeben durch die Summe der physikalischen Aussagen, die in die Theorie eingehen. Solche Aussagen müssen dann durch Experimente erhärtet werden. Ohne inhaltliche Aussagen, die experimentell überprüfbar sind, ist eine vorgelegte Theorie bestenfalls reine Mathematik. Andererseits ist eine Ansammlung von Experimenten oder Daten noch keine Physik (und allgemeiner: keine Wissenschaft). Ein Experiment wird erst dann wissenschaftlich gehaltvoll, wenn es Fragen beantwortet, die in einer im allgemeinen mathematisch formulierbaren Theorie gestellt werden können. Erst dadurch bekommt das Experiment seine Bedeutung.

13. Wenn das Sammeln von an sich richtigen Daten noch keine Forschung ist, wird grundsätzlich kein Forschungsresultat mit der einfachen Methode — Helmholtz nannte sie unsere Alltagsmethode — „Versuch und Irrtum" gewonnen. Vielmehr gibt das System der Prinzipien, in dem die Fragen formuliert werden, den theoretisch deduzierbaren Rahmen und die Grenzen sowohl für die sinnvolle Variationsbreite der Versuche als auch für den Umfang der möglichen „Irrtümer". Das in der Fragestellung enthaltene Vorwissen ist ein „a-priorischer" Bestandteil der Antworten.

Das Primat der theoretisch begründeten Fragestellung bei einem wissenschaftlichen Vorhaben, das um so entscheidender wird, je umfassender und aufwendiger dieses ist, erweist sich als ein methodisches Primat der Theorie. Dieses Primat liegt nicht darin begründet, daß Theoretiker mehr wissen oder mehr können als

Experimentatoren. Aber es ist immerhin ein Faktum, daß an der Spitze der großen internationalen wissenschaftlichen Komplexvorhaben der letzten Jahrzehnte bevorzugt theoretische Physiker oder Mathematiker/Mechaniker gestanden haben und noch stehen, unabhängig davon, ob es Einrichtungen sozialistischer Länder oder kapitalistischer Monopole sind. Das ist sicher ein beachtenswertes Phänomen.

14. Sowohl in den empirisch-intuitiv beherrschten Spitzentechnologien als auch in der vordersten Front von Mathematik und theoretischer Physik dominiert die Tendenz der Spezialisierung, die zur Entwicklung von Spezialbegriffen beziehungsweise Spezialinterpretationen bewährter Begriffe führt und die mehr oder weniger ausgeprägt einen „esotherischen" Fachjargon fördert, dessen Entstehen die Verständigung der notwendigerweise an großen komplizierten und komplexen Vorhaben beschäftigten Wissenschaftler verschiedener Arbeitsrichtungen beeinträchtigt. Die Vertiefung in die spezielle Problematik wird durch Verzicht auf die Einfügbarkeit in das Gesamtbild der Disziplin, manchmal auch der Wissenschaft als Ganzem bezahlt, und damit wird auf eine allgemeine Verständlichkeit unter Fachvertretern in einem für eine erfolgreiche Bearbeitung genügend weiten Sinne verzichtet: Jeder versteht — und will nur verstehen —, was er zur Zeit betreibt, und überläßt es der Zukunft, sein Ergebnis in das Gesamtbild der Wissenschaft einzufügen. Damit ist natürlich der Anschluß an die Communis opinio der Disziplin, auf deren Bedeutung häufig hingewiesen worden ist, beeinträchtigt und die allgemein nachprüfbare Einschätzung des Wertes von Ergebnissen doch mehr auf die subjektive Meinung einzelner „Auguren" (wie Einstein sie genannt hat) reduziert.

15. Es ist die Entdeckung der großen Physiker Helmholtz, Boltzmann, Kirchhoff, Planck, Sommerfeld, Schrödinger, Bohr, daß es ein bestimmtes Niveau der Vertiefung gibt, der mathematisch-theoretischen Durchdringung der Probleme, die wesentliche Züge der Wirklichkeit wiederzugeben imstande ist und gleichzeitig einen hohen Grad der Allgemeinverständlichkeit und Allgemeinzugänglichkeit besitzt. Das klassische Beispiel dafür ist unseres Erachtens der Kurs der theoretischen Physik, wie ihn Planck gelesen hat, der keineswegs für theoretische Physiker gehalten wurde, sondern für Mathematiker, Physiker und alle Naturwissenschaftler, die vorgehabt haben, die in der Physik erarbeiteten Methoden des Messens, der Versuchsanlagen, der Interpretation der Messung und ihrer theoretischen Bearbeitung

zu nutzen. (Planck hatte nach eigenen Angaben 1910 in der Vorlesung 140 Hörer!)[1]) Von den großen Aufwendungen, die die modernen Versuchs- und Meßanlagen erfordern, mögen es Probleme der Hochenergiephysik, der Fusionsphysik, der Kosmosforschung, der elektronischen Technologien sein, lassen sich bis zu 95 Prozent auf der Grundlage eines solchen Kurses der theoretischen Physik verstehen und bearbeiten.

16. Die Erkenntnis von Bohr über die Bedeutung des Meßgeräts für die Ausdehnung unserer Kenntnisse der Wirklichkeit ist zugleich ein Hinweis auf die Möglichkeit, die Einheit der Wissenschaft über das physikalische Meßgerät zu stärken.

Bohr hat gefordert, daß über die Meßgeräte, ihren Aufbau, ihren Betrieb und die Interpretation ihrer Daten in einer allgemein zugänglichen Sprache gesprochen werden soll. Das ist unserer Meinung nach die Sprache der Meister der theoretischen Physik, wie sie von Helmholtz, Planck und den anderen großen Physikern vorgeführt wurde. Wir glauben, daß dies der Weg ist, auf dem der dialektische Widerspruch, der zwischen Ganzheit und Detail vorhanden ist und vorhanden sein muß, zu permanenter schöpferischer Wirkung geführt werden kann.

4. P. A. M. Dirac

Wir möchten versuchen, die überragende Bedeutung von Paul Adrien Maurice Dirac für die Entwicklung der modernen Physik und des physikalischen Denkens verständlich zu machen. Das ist kein einfaches Unternehmen, weil das Gebiet des Schaffens von P. A. M. Dirac auf der Grenze von Mathematik und Physik liegt und man nicht sagen kann, wo die Mathematik aufhört und die Physik beginnt, und umgekehrt; und wo vielleicht tatsächlich Mathematik und Physik ein und dasselbe sind.

Paul Adrien Dirac wurde am 8. August 1902 in Bristol geboren. Er war Professor in Cambridge und Oxford und entwickelte aus den Heisenbergschen Grundlagen mit Born und Jordan eine systematische Quantenmechanik. Zusammen mit Schrödinger erhielt er 1933 den Nobelpreis für Physik. Er starb Ende 1985.

I. In unserer alten klassischen Physik, in deren Zuständigkeit auch heute noch mehr als 95 Prozent aller Apparate, Anlagen, Geräte

[1]) Max Planck in: Lenz, Geschichte der Friedrich-Wilhelm-Universität, Berlin 1911.

fallen, die unsere moderne Wissenschaft und Technik bestimmen, kann man Physik und Mathematik gut auseinander halten. Spätestens seit etwa 1930 hat sich das aber grundlegend verändert.

Eine immer enger werdende Verbindung von Mathematik und Theoretischer Physik ist bereits seit der Mitte des vorigen, vor allem aber seit Beginn unseres Jahrhunderts von beiden Seiten her zu beobachten. Sie ging aus von den Arbeiten von Maxwell, Boltzmann, Helmholtz, H. Hertz, Planck, Einstein, Bohr, Heisenberg und Schrödinger, wurde aber auf der anderen Seite auch von Mathematikern wie Klein, Minkowski, Poincaré, Hilbert und Weyl in die Wege geleitet, und sie fand in P. A. M. Dirac in unseren Tagen einen besonders markanten Vertreter.

In diesem Prozeß, der u. E. weiter voranschreitet, greifen einige, für die Mathematik typische „hodogetische" Züge der Entwicklung der Mathematik auch auf die Physik über. Es ist das von H. Hankel[1]) aufgefundene „Prinzip der Permanenz der formalen Gesetze", das nach F. Klein „als wichtiges psychologisches Moment, das auf der Basis der Buchstabenrechnung zur Erfindung der negativen Zahlen Anlaß gab", in zunehmendem Maße in der Mathematik Platz greift. Und ebenso ist, wie F. Klein es genannt hat, das Eigenleben des Algorithmus, der als gewissermaßen selbständig vorwärtstreibendes Element in der Mathematik wirkt, unabhängig von der Absicht und dem Wunsch des ausübenden Mathematikers, oft sogar ihm entgegen. Wir können diese Feststellungen in der Tätigkeit von L. Boltzmann, M. Planck, A. Einstein, ganz besonders aber bei P. A. M. Dirac erkennen.

In der Mathematik ist es — als ein hodogetisches Prinzip — üblich, durch Ausdehnung ihrer Rechengesetze (ihrer „Permanenz") zu neuen mathematischen Strukturen vorzustoßen. Zum Beispiel ist die Umkehrung der Multiplikation, die Division, nur dann unbeschränkt ausführbar, wenn neben den ganzen Zahlen auch gebrochene Zahlen zugelassen werden, so daß man von den natürlichen Zahlen zu den (positiven) rationalen Zahlen gelangt. Genauso ist die Umkehrung der Addition, die Subtraktion, nur dann unbegrenzt durchführbar, wenn die Zahlen-Gerade über den Nullpunkt fortgesetzt wird, und negative Zahlen eingeführt werden. Negative Zahlen bedeuten, daß es Mengen gibt, die „weniger als nichts" enthalten. Zu dieser großen Abstraktion gelangte nach F. Klein nicht die griechische Mathematik, sondern erst im Mittelalter ein indischer Mathematiker.

---

[1]) Siehe H. Hankel, Theorie der komplexen Zahlensysteme, Leipzig 1867.

Es ist aber bemerkenswert und von größter erkenntnis-theoretischer Bedeutung, wenn solche Erweiterungen der menschlichen Vorstellungen sich als Einsichten in einen erweiterten Realitätsbereich erweisen (H. Hertz). Physikalische Theorien erzwingen durch ihre immanenten mathematischen Strukturen die Aufgabe, nach Erscheinungen zu forschen, die zunächst als fremdartig, wenn nicht sogar als absurd, erscheinen. Als solche Absurdität wurde zunächst die von P. A. M. Dirac aus seinen Gleichungen entnommene negative Masse empfunden. Sie ist tatsächlich absurd, weil sie in dieser kommentarlosen Form den Grundlagen der Newtonschen Prinzipien nicht entspricht: Trägheit ist nur sinnvoll, wenn sie immer ein Vorzeichen hat, sonst sind die Prinzipien falsch. Später hatte sich herausgestellt, daß die Interpretation der Diracschen Gleichungen einen Sinn bekommt, wenn man die zweiwertige elektrische Ladung in die Überlegungen einbezieht oder andere zweiwertige Kennzeichen.

Dirac war einer der ersten, der gewagt hat, die Grauzone zwischen Mathematik und Physik mit ihren „telepathischen Wundern" (der Ausdruck stammt von Einstein und Pauli) zu betreten.

An den Namen Dirac knüpfen sich viele Anekdoten; eine davon berichtet von der Entdeckung der „negativen Fische im Ozean des Virtuellen", ein wohl von ihm selbst stammendes Gleichnis zur Erläuterung der „Antimaterie". Denn Dirac ist zweifellos der Forscher, der die Existenz der „Antimaterie" als erster gesehen und auch den Begriff geprägt hat.

Diracs „negative Fische" sind aber keineswegs abwegiger als unsere „negativen Zahlen", die bereits in der Grundschule gelehrt werden, nur haben wir das Ungewöhnliche an ihnen vergessen. Aber noch der große Mathematiker Klein schrieb vor 60 Jahren: Mit der Einführung der negativen Zahlen verlassen wir die „gegenständliche" Mathematik und begeben uns in die „formale" Mathematik.

Und nun kommt das Überraschende, um nicht zu sagen Sensationelle: Die negativen Fische Diracs sind keineswegs so „formal" wie die negativen Zahlen, oder wie sein großer Lehrer Bohr sagte: „symbolisch", sondern sie sind „wirklich" im Sinne des Wortes „wirken".

Es zeigt sich hier einmal mehr, daß die zunächst formalen Aussagen der mathematischen Beziehungen eine echte Aussage über die Wirklichkeit enthalten können, aber daß diese gesondert ausgewiesen sein muß. Die Aussagen der Formeln und das Geschehen in der Wirklichkeit sind nicht automatisch bis in alle Details übereinstimmend, können es aber sein. P. A. M. Dirac selbst hat wiederholt ausgedrückt, daß es mitunter schwer ist, den Gehalt mathematischer Ausdrücke verbal zu fassen. Das gilt z. B. für eine seiner größten Entdeckungen, die „Entzauberung des Spins“. So ist auch zweifellos von P. A. M. Dirac als erstem die Möglichkeit einer „Antiwelt“ ausgesprochen worden. Es sei nur auf seinen Nobel-Vortrag verwiesen. Aber ob es überhaupt eine Antiwelt gibt, ist heute noch ein offenes Problem. Dagegen hat sich seine Voraussage, daß es positive Elektronen und negative Protonen geben sollte, durchaus bestätigt, obgleich, wie gesagt, diese Aussage nicht zwangsläufig aus seinen Beziehungen folgt.

In der Ökonomie, im Geldwesen gab es schon immer „negative“ Zahlen, zu deutsch: Schulden, seit Banken in Venedig und Florenz entstanden, seit von italienischen Bankiers (u. a. von den Medicis) die doppelte Buchführung verwandt worden ist.

Hier wurde zwischen „Debit“ und „Kredit“ („Soll“ und „Haben“) unterschieden, wobei jeder Betrag einmal mit positiven und negativen Vorzeichen, als Guthaben, und zum zweiten Male als Schuld, d. h. als Einnahme und Ausgabe, eingeht: Ein negatives Barvermögen ist eine Schuld, und ein negative Schuld ist ein Barvermögen.

Die Schulden sind genauso wirklich wie Guthaben. Sie unterscheiden sich jedoch darin, daß Guthaben im allgemeinen dissipiert werden können, sie schwinden sozusagen von allein, während Schulden bekanntermaßen nicht dissipiert werden und nicht verschwinden, es sei denn, sie würden durch Übertragung von Guthaben getilgt. Mit Guthaben kann man viel Nützliches schaffen, mit Schulden kaum — außer in dem Bereich, der zu Recht „Spekulation“ heißt.

In der Physik wurden negative Zahlen auf zweierlei Weise eingeführt. Erstens durch die Einführung von Skalen (z. B. solche für die Zeit oder solche für die Temperatur), bei denen ein beliebiger Nullpunkt fixiert wurde, so daß die Skala prinzipiell dann die Gerade der ganzen Zahlen überdecken mußte (Julianische Ära in der Chronologie seit J. J. Scaliger, um 1600; geeichte Thermometer seit Fahrenheit, um 1730).

Während hier wegen der Willkür der Wahl des Nullpunktes die negativen Zahlen nur eine fiktive Bedeutung haben, führte aber die Elektrizitätslehre im 18. Jahrhundert auf die Vorstellung von „zwei Arten von Elektrizität“, die sich gegenseitig kompensieren konnten. Es galt ein „Satz von der Erhaltung der Elektrizität“, aber er galt nur dann, wenn man die eine Art von Elektrizität positiv und die andere Art von Elektrizität negativ zählte.

G. C. Lichtenberg führte deswegen um 1770 das Rechnen mit positiven und negativen ganzen Zahlen in die Elektrizitätslehre ein, und seitdem unterschied man zwischen positiven und negativen elektrischen Ladungen.

Die ursprüngliche Fernwirkungselektrodynamik, wie sie etwa C. F. Gauss und vor allem seine Schüler W. Weber und B. Riemann vertraten, nahm an, daß bei jedem elektrischen Leitungsstrom sich stets gleich viele positive und negative elektrische Ladungen in entgegengesetzten Richtungen, aber mit demselben absoluten Betrag der Geschwindigkeit, im Leiter bewegten. Mit H. v. Helmholtz und seinem Schüler E. Goldstein begann dann die Erkenntnis, daß in die subatomaren Dimensionen die negative und die positive Elektrizität auf sehr verschiedene Weise eingeht: Es existieren elektrische Elementarladungen vom Betrag e, jedoch sind die negativen elektrischen Ladungen mit Teilchen sehr kleiner Masse m verbunden, den Elektronen, während die positiven Elementarladungen zu den mit fast zweitausendmal schwereren Protonen der Masse M gehören: $(m/M) \approx 10^{-3}$. (Die Elektronen wurden von J. J. Thomson um 1890, die Protonen von E. Rutherford um 1910 als atomare Bausteine nachgewiesen.)

Entgegen diesem Dublett-Charakter der Elektrizität besitzt die Masse, die Isaac Newton ursprünglich als „Menge der Materie“ definiert hatte, nur ein Vorzeichen: Es gibt sowohl nach der Newtonschen als auch nach der Einsteinschen Dynamik und Gravitationstheorie nur positive Massen; aber die Spezielle Relativitätstheorie für sich allein würde auch negative Ruhmassen zulassen, genau so wie sie ja auch die Existenz von ruhmasselosen, sich mit Lichtgeschwindigkeit bewegenden Teilchen erlaubt.

Eine andere Erweiterung des Realitätsbegriffs, den die mathematischen Strukturen der Theoretischen Physik erzwungen haben, ist der Übergang von der ein-dimensionalen Gerade der reellen Zahlen zur zwei-dimensionalen Gausschen Ebene der komplexen Zahlen, die demselben Rechenweg genügen wie die reellen Zahlen. Diese weitreichende Erweiterung der Rechenregeln ist der Verzicht auf das kommutative Gesetz und der damit mögliche Übergang zu hyperkomplexen Zahlen (Hamiltonsche Quaternionen) einerseits und zu extensiven Größen (Grasmannschen Algebren; Vektoren, Tensoren usw.) andererseits.

Die Kontinuumsmechanik und dann vor allem die Maxwellsche Feldtheorie und die Einsteinsche Allgemeine Relativitätstheorie erweiterten den Begriff der physikalischen Substanzen auf solche extensive Größen.

In der Quantenphysik verlangt das Plancksche Wirkungsquantum den Verzicht auf das kommutative Grundgesetz; ein Verzicht, der zur Heisenbergschen Unschärferelation führt. P. A. M. Dirac wies 1925/26 darauf hin, daß das Gemeinsame der beiden physikalisch äquivalenten Formulierungen der Quantenmechanik, nämlich der Matrizen-Mechanik von M. Born und W. Heisenberg und der Wellenmechanik von E. Schrödinger, darin besteht, daß in ihnen die kanonischen Variablen der klassischen Mechanik Newtons nicht mehr durch gewöhnliche, wie Dirac sagte, *c*-Zahlen gegeben sind, sondern durch „hyperkomplexe Zahlen", die Dirac *q*-Zahlen nannte, in Anlehnung an eine Entdeckung des großen irischen Mathematikers Hamilton vor etwa 130 Jahren – an die Hamiltonschen Quarternionen. Das sind kompliziertere Zahlengebilde, deren auffälligste Eigenschaft darin besteht, daß es bei der Multiplikation auf die Reihenfolge ankommt, das heißt, zwei mal drei ist nicht dasselbe wie drei mal zwei, und die Differenz für die Bestimmungsstücke der Elektronen ist eben gerade das Wirkungsquantum h. Wenn h verschwinden würde, dann würde auch das positive Elektron mit „*c*"-Zahlen auskommen und zwischen ihm und Schulden wäre kein Unterschied. (Hamilton selbst hielt diese Entdeckung für die bedeutendste Tat seit Newton und stellte sie über seine eigenen Arbeiten zur analytischen Mechanik.)

Die auf Diracs relativistischer Quantenmechanik aufbauende Quantenfeldtheorie führt gemäß den Diracschen Rechenvorschriften für „*q*"-Zahlen zu dem Ergebnis der „doppelten Buchführung": Mathematisch ist es gleich, ob man „Schulden" oder „Guthaben" hat; Ausgaben sind negative Einnahmen, und Einnahmen sind negative Ausgaben. Dies ist der Inhalt des aus Diracs relativistischer Quantenmechanik abzuleitenden CPT-Theorems, welches die mathematische Symmetrie von „Materie" und „Antimaterie" aussagt.

Diracs großes Problem war nun die Vereinigung der Speziellen Relativitätstheorie mit der Quantenmechanik. Diese Frage stellte sich Dirac in der Form, daß er die Existenz des Planckschen Wirkungsquantums h, mit der aus dem axialen Vektor $\hbar$ folgenden Eigenschaft des inneren Drehmoments (Spins) der Elektronen, als notwendige Konsequenz von Quanten- und Spezieller Relativitätstheorie aufzeigen wollte. Dies gelang Dirac (1928) durch eine neue Erweiterung des Realitätsbereiches der physikalischen Quantitäten. Dirac führte als eine neue Form von extensiven Größen die Spinoren in die Physik ein, die sozusagen „radizierte Vektoren" sind. Spinoren sind gemäß der Relativitätsheorie eine alternative mathematische Darstellung der Lorentz-Gruppe, d. h. der fundamentalen mathematischen Struktur der Speziellen Relativitätstheorie. Diracs relativistische Wellengleichungen führten, angewandt auf in den Atomen gebundene Elektronen, zu den Sommerfeldschen relativistischen Korrekturen des Bohrschen Atommodells und bauten somit die relativistischen Effekte in die Wellenmechanik ein. Als relativistische Formulierung bot sich zunächst die sogenannte „relativistische Schrödinger-Gleichung" (auch „Klein-Gordon-Gleichung" genannt) an. Genauso wie die nicht-relativistische Schrödinger-Gleichung — auf das Wasserstoff-Atom angewandt — die Bohrschen Quantenbedingungen ergibt, führt die relativistische Schrödinger-Gleichung auf die Sommerfeldsche Feinstruktur des Wasserstoff-Atoms. Dirac hatte aber damals Zweifel an dem Sinn von Materie-Wellengleichungen, die zwei Ableitungen nach der Zeit enthalten. Formal wollte Dirac die relativistische Schrödinger-Gleichung radizieren. Die Diracschen Spinoren (d. h. die unimodulare Gruppe als zweideutige Darstellung der Lorentz-Gruppe) ermöglichten im Sinne der Hamiltonschen Quaternionen-Algebra eine solche Radizierung. Diese führte zwangsläufig zu dem Ergebnis, daß auch im nicht-relativistischen Grenzfall für die Elektronen nicht die Schrödinger-Gleichung gilt, sondern die um einen den Elektronen-Spin berücksichtigenden Term erweiterte Schrödinger-Pauli-Gleichung.

Dies war ein besonders bemerkenswertes Ergebnis von Dirac: aus der von ihm aufgefundenen mathematischen Beschreibung des Elektrons folgt, daß dem Elektron eine Bewegungsgröße, ein Drehimpuls eigentümlich ist, ohne daß sich irgend etwas an dem Elektron zu bewegen braucht — der Spin. Und zwar hat ein „Paar" Elektronen zusammen ein Drehimpulsquant $\hbar$. Dies ergab sich aus mathematischen Untersuchungen, die sowohl dem Wirkungsquantum h wie auch der Lichtgeschwindigkeit c Rechnung trugen. Mit der Entdeckung dieser an keine in Raum und Zeit meßbare Bewegung geknüpften Bewegungsgröße wurde der Zugang gefunden zu Beziehungen zwischen den Elementarteilchen, die zweifellos das Schema der raumzeitlichen Darstellung, wie sie durch unsere Wahrnehmungen und durch unsere Meßgeräte vermittelt werden, überschreiten, aber, und das ist das entscheidende, die völlig objektiv vorhanden sind, d. h. unabhängig von unserem Bewußtsein existieren und von uns manipuliert werden können. Eine solche Wechselwirkung wird offensichtlich auch durch das sogenannte Pauli-Exklusionsprinzip (kurz „Pauli-Verbot" genannt) enthüllt, nach welchem es „freie" und „besetzte" Plätze für Zustände gibt. („Es ist verboten, einen besetzten Platz einzunehmen".) Dieses insgesamt rätselhafte Verhalten war es, was Pauli und Einstein zu dem Gebrauch des Wortes „telepathisch" veranlaßt hat.

W. Pauli hatte, um das Phänomen des Spins der Elektronen und dessen Zusammenhang mit dem vektoriellen Charakter der Planckschen Konstante zu erfassen, die Schrödinger-Gleichung durch einen Term erweitert, der die Paulischen Spin-Matrizen enthält. Die Diracschen Spin-Matrizen, das Ergebnis von Diracs Radizierung der Wellengleichung, sind eine relativistische Verallgemeinerung der Paulischen Matrizen. Damit ergab die Mathematik der allgemeinen Darstellung der Lorentz-Gruppe bereits für den nicht-relativistischen Fall etwas völlig Neues, nämlich den Teilchen-Spin $\sim \hbar$.

Das Überraschende war aber, daß entsprechend der mathematischen Implikation der Speziellen Relativitätstheorie formal Diracs Wellengleichung auch für Elektronen mit negativer Ruhmasse gelten würde. Während aber in der speziell-relativistischen Form der klassischen Mechanik diese negativen Massen einfach durch eine Nebenbedingung ausgeschlossen werden können, ist das in der relativistischen Wellenmechanik Diracs nicht mehr möglich. Dies liegt an den besonderen mathematischen Eigenschaften der Diracschen Spinoren („Kleinsches Paradoxon").

P. A. M. Dirac bemerkte aber auch, daß sich im Sinne der klassischen Elektronen-Theorie ein negativ geladenes Elektron (Ladung $-e$) mit negativer Masse $(-m)$ genauso verhält wie ein positiv geladenes Elektron (Ladung $+e$) mit positiver Masse $(+m)$:

$$\frac{-e}{-m} = \frac{e}{m}.$$

Statt also Elektronen mit negativer Ruhmasse zu postulieren, schloß P. Dirac auf positiv geladene Teilchen (Positronen mit positiver Masse und Ladung).

Um auf das oben geschilderte Gleichnis zurückzukommen: Es war eine Überraschung, daß die Diracschen „negativen Fische" nicht wirkungslos sind, sondern zumindest für eine gewisse Zeit tatsächlich Bestand haben, genauso wie die positiven Fische. Sie haben eine andere Qualität der Wirklichkeit als Schulden. Diese negativen Fische Diracs haben sich als die „positiven Elektronen" oder „Positronen" enthüllt, die durch die Arbeiten von Anderson, Kunze, Blackett und Occialini in der Natur aufgefunden wurden.

Einen großen Teil seines Schaffens widmete Dirac dem Elektron, welches, obgleich auf seinen Eigenschaften große Teile des Gebäudes unserer modernen Technik errichtet wurden — man denke nur an die Elektronik/Mikroelektronik, elektrische Beleuchtungstechnik, Röntgenstrahlen usw. — nach wie vor rätselhaft und tatsächlich unerschöpflich ist.

Diracs Untersuchungen zeigten, und es wurde auch experimentell bestätigt, daß das Elektron in seinem Verhalten in sehr vielen Fällen als punktförmig angesehen werden kann, ohne jede Struktur bis zu Dimensionen von 10^{-15} cm. Wobei aber gleichzeitig für quantenhafte Phänomene eine Ausdehnung von 10^{-10} cm durch die Compton-Wellen-Länge h/mc gegeben ist und für elektromagnetische Strahlung eine Ausdehnung von 10^{-12} cm, die Länge des sogenannten klassischen Elektronenradius. Dabei unterscheiden sich diese beiden Größen um den ebenfalls rätselhaften Faktor $e^2/\hbar c = 1/137$.

Die Diracschen Wellengleichungen gelten aber auch für die Protonen mit den Ruhmassen $M \approx 2000\, m$. Hieraus wäre also weiter zu schließen, daß es zu den positiv geladenen Protonen auch negativ geladene „Anti-Protonen“ geben müßte (anstelle von Protonen der Ladung $+e$ mit negativer Masse M).

Die Möglichkeit dieser Uminterpretation führte P. Dirac und die auf seiner Quanten-Elektrodynamik aufbauende Quantenfeldtheorie zu einer neuen Konzeption des physikalischen Vakuums: P. A. M. Dirac und E. Fermi nehmen zunächst an, daß die merkwürdige Asymmetrie der Welt (es gibt in der Natur — abgesehen von kurzzeitigen Elementarakten — nur Protonen und Elektronen, aber keine Anti-Protonen und Positronen) darauf zurückzuführen ist, daß die „Zustände negativer Energie“, also alle Zustände von Teilchen mit negativer Masse, das physikalische Vakuum bilden. Dann sind die Positronen und alle anderen Anti-Teilchen weiter nichts als Löcher im Vakuum. (Diracs Elektrodynamik impliziert mathematisch die „Löcher im Vakuum“.) Diese Auffassung führte unmittelbar zu der Theorie der „Teilchen-Zwillingspaare“: Mit einem Anti-Teilchen entsteht auch gleichzeitig ein Teilchen; begegnen sich ein Teilchen und ein Anti-Teilchen, so zerstrahlen sie in ruhmasse- und ladungslose elektromagnetische Strahlung, in Lichtquanten.

P. A. M. Dirac erzählte gern die „kürzeste utopische Novelle der Welt“: „Jüngling trifft Anti-Jungfrau, Kuß — Schluß“. Aber diese neue Deutung der Asymmetrie des Kosmos, d. h. des aus allen überhaupt möglichen Zuständen negativer Energie gebildeten

Vakuums, war nur der erste Schritt zu einer Quantentheorie des Vakuums. „Teilchen-Zwillingspaare" können sich nur dann bilden, wenn alle Erhaltungssätze, insbesondere die Energie- und Impulssätze, erfüllt sind. Die Erfüllung der Erhaltungssätze ist aber in der Quantentheorie nur im Rahmen der Heisenbergschen Unschärferelationen nachprüfbar, d. h. nur für kurze Zeiten und kleine Abmessungen. An jedem Ort des Vakuums und zu jeder Zeit entstehen und vergehen permanent Teilchen und Anti-Teilchen. Das Vakuum ist damit nicht mehr der Inbegriff aller Zustände negativer Energie, sondern das Vakuum wird zum Inbegriff alles virtuellen Geschehens. In der Quantenfeldtheorie sind Teilchen und Anti-Teilchen als aktuelle, mit den Erhaltungssätzen verträgliche Anregungszustände des Vakuums virtuellen Zuständen gleichberechtigt. Dirac sah dieses Vakuum als „stochastischen Äther" an, der mit dem „Einsteinschen Äther" der Allgemeinen Relativitätstheorie korrespondiert.

Alle heutigen theoretischen Deduktionen der Existenz von Antimaterie beruhen auf der Arbeit von Dirac (1930), die von der Verschmelzung der Speziellen Relativitätstheorie mit der Quantenmechanik ausgeht. Diracs Beweis stützt sich auf seine speziellrelativistische Wellengleichung für Materiefelder (1928) und benutzt neben Einsteins speziell-relativistischer Kinematik auch quantentheoretische Axiome. Dirac ging bei seiner Deduktion der Antimaterie davon aus, daß der relativistische Hamilton-Operator (Energieoperator) $H = cp_0$ auf Grund der Speziellen Relativitätstheorie notwendigerweise zwei Vorzeichen hat:

$$H = cp_0 = c\sqrt{m^2c^2 + p_i p_i} \quad (i = 1, 2, 3).$$

Die Zustände mit negativer Energie $cp_0 < 0$, die sich für ein Teilchenfeld mit der Ladung $+e$ ergeben, sind nun nach Dirac konjugiert zu Zuständen positiver Energie für ein ladungsgespiegeltes Materiefeld $\psi^* = C\psi$ mit der Teilchenladung $e^* = -e$. Nach Diracs Konzeption der Antimaterie ist die Gesamtladung des Kosmos exakt Null; seine Gesamtmasse beträgt dagegen fast 10^{80} Nukleonen-Massen.

Merkwürdigerweise scheint sich der Kosmos in toto, als Folge der Ereignisse in der Nähe des „Urknalls", so zu verhalten, als ob die Protonen Diracs „Anti-Elektronen" wären. Denn während es im Kosmos kaum freie Positronen und erst recht kaum Anti-Protonen gibt, ist die Zahl der Protonen etwa gleich der Zahl der Elektronen, und die elektrische Gesamtladung des Kosmos ist vielleicht exakt Null.

II. Die Materie-Wellengleichungen von E. Schrödinger und P. Dirac sind zunächst klassische Feldgleichungen, in denen die Plancksche Konstante nur über die Compton-Wellenlänge h/mc der Partikeln eingeht. Deswegen enthalten die Feldgleichungen für ruhmasselose Felder, in Sonderheit die Maxwellschen Gleichungen, die Weylschen Neutrino-Gleichungen oder auch die Einsteinschen Gravitationsgleichungen, die Plancksche Konstante überhaupt nicht.

In der Quantenmechanik wird die Existenz der Elementar-Partikeln — der Teilchenaspekte der Materie — durch Bohrs Komplementaritätsprinzip erfaßt; allgemein also durch die Interpretation der Wellengleichungen gemäß der zwischen den kanonisch konjugierten Größen der Dynamik, bei denen vor allem zwischen Koordinaten und Impulsen (und zwischen Zeitdauern und Energien) Vertauschungsrelationen bestehen. Die Vertauschungsrelationen besagen, daß die dynamischen Größen nicht gleichzeitig scharf meßbar sind, sie mathematisch also mit P. Diracs Worten keine gewöhnlichen c-Zahlen, sondern allgemeinere q-Zahlen sind. Der Übergang zur klassischen Mechanik erfolgt dann durch das entsprechende Plancksche Korrespondenzprinzip: Verschwindet die Plancksche Konstante h, so geht die so interpretierte Quantenmechanik in die Newtonsche (bzw. die speziell-relativistische) Dynamik über.

P. Diracs Quanten-Elektrodynamik enthält außer den Diracschen Wellengleichungen für die Materie-Felder die Maxwellschen Gleichungen des elektromagnetischen Feldes. Die Einführung des Teilchenaspekts — die Existenz von Elektronen und Einsteinschen Lichtquanten — erfolgt korrespondenzmäßig unter Berücksichtigung der Einsteinschen bzw. Schrödingerschen Übergangswahrscheinlichkeiten und der virtuellen Zustände gemäß Bohr, Kramers und Slater. Die Existenz von Teilchen wird aber grundsätzlich berücksichtigt durch das aus P. Diracs Quantenelektrodynamik hervorgegangene Prinzip der zweiten Quantelung. Die Feldgrößen (Diracsches Elektronenfeld, Maxwellsches elektromagnetisches Feld) werden selbst zu q-Zahlen, die den Vertauschungsrelationen genügen, auf deren rechten Seiten wieder die Plancksche Konstante steht (multipliziert mit einer entsprechenden derivierten Greenschen Funktion). Auch hier gilt das Plancksche Korrespondenzprinzip; für $h \to 0$ ergeben sich die klassischen Feldtheorien ohne Lichtquanten. Dementsprechend ergibt sich die natürliche „Linien-Breite“ der elektromagnetischen Strahlung aus Diracs Quantentheorie des Elektrons genauso wie aus der von P. Dirac 1937 weiterentwickelten klassischen Elektronentheorie für „punktförmige Elektronen“ gemäß H. A. Lorentz: Die Linien-Breite ist durch den klassischen Elektronenradius e^2/mc^2 gegeben und somit unabhängig von h.

Der ursprüngliche Vorschlag (1924) in der Arbeit von N. Bohr, H. A. Kramers und J. C. Slater enthält implizite die Idee, ein nicht-gequanteltes elektromagnetisches Feld, d. h. ein klassisches weitreichendes Feld ohne Quantenstruktur, mit der atomistischen Materie gemäß der Elektronentheorie und Quantenphysik zu koppeln. Bohr, Kramers und Slater erkannten bereits vor Diracs Quanten-Elektrodynamik die Problematik einer solchen Unternehmung. Die Kopplung eines nicht-gequantelten Feldes mit der atomistischen Materie impliziert die Berechnung des Energie-Impuls-Satzes bei Elementar-Prozessen. Der Energie-Impuls-Satz ist dann nur statistisch gültig, also mit korrespondenzmäßigem Grenzübergang zu unendlich vielen Ereignissen.

In einer Diskussion mit P. A. M. Dirac, zu dessen Vortrag über die Quantentheorie des Gravitationsfeldes, fragte einer von uns (H.-J. T.) an, ob es nicht möglich sei, die Einsteinschen allgemein-relativistischen Gravitationsgleichungen

$$G_{ik} = R_{ik} - \frac{1}{2} g_{ik} R = -K T_{ik} \quad (\text{mit } K = \frac{8\pi G}{c^4}) \tag{1}$$

so zu interpretieren, daß auf der rechten Seite der Erwartungswert $\langle \vec{T} \rangle$ des Materie-Tensors T, der quantisierten atomistischen Materie, steht,

$$G_{ik} = -K \langle \vec{T}_{ik} \rangle, \tag{2}$$

wobei $\vec{T}_{ik}$ der Energie-Impuls-Dichteoperator ist, und auf der linken Seite der klassische Einstein-Tensor

$$G_{ik} = R_{ik} - \frac{1}{2} g_{ik} R$$

eines nicht-gequantelten Gravitationsfeldes (vgl. P. Dirac, 1966).

Dirac lehnte diese Möglichkeit mit der Bemerkung scharf ab, daß dann die rechte Seite der Gleichung (2) von der Wahl des Zustandsvektors im Hilbert-Raum abhängt, also nicht Hilbert-kovariant ist, während die linke Seite von (2) ein Skalar im Hilbert-Raum ist. (Spätere Vorschläge, (2) als Gravitationsgleichungen anzusehen, haben dementsprechend zu völlig paradoxen Resultaten geführt.)

Es gibt nur die Alternative: Entweder ist das Gravitationsfeld g_{ik} selbst zu quantisieren, dann sind die Einsteinschen Gleichungen (1) als die Operatoren-Gleichung

$$\vec{G}_{ik} = -K\vec{T}_{ik} \tag{3}$$

zu schreiben, was die Existenz von „Gravitonen“ als ruhmasselose Feldquanten einschließt; oder die Erwartungswerte des Materietensors $\langle\vec{T}_{ik}\rangle$ sind mit den Erwartungswerten des klassischen Einstein-Tensors $\langle G_{ik}\rangle$ verbunden:

$$\langle G_{ik}\rangle = -K\langle\vec{T}_{ik}\rangle. \tag{4}$$

Die Planckschen Fundamental-Einheiten ergeben Unschärferelationen zwischen den Meßwerten des Gravitationspotentials g (bzw. der gravischen Feldstärke Γ) und den linearen Abmessungen x:

$$\Delta g(\Delta x)^2 \geqq \frac{2hG}{c^3}, \tag{5a}$$

$$\Delta\Gamma(\Delta x)^3 \geqq \frac{hG}{c^3}, \tag{5b}$$

wobei

$$L^2 = \frac{hG}{c^3} \approx 10^{-66}\,\mathrm{cm}^2$$

das Quadrat der Planckschen Elementarlänge ist. Dies ist eine Konsequenz der aus der Galilei-Einsteinschen Äquivalenz von Trägheit und Schwere folgenden neuen Unschärferelation.

In der Maxwellschen Theorie resultiert ein Unterschied zwischen den Operator-Gleichungen

$$\vec{F}^{ik}{}_{,k} = \vec{j}^i \tag{6}$$

und den viel schwächeren Gleichungen

$$\langle F^{ik}{}_{,k}\rangle = \langle\vec{j}^i\rangle, \tag{7}$$

wobei

$$\vec{j}^i = e\vec{\psi}\gamma^i\vec{\psi}^*$$

der Diracsche Strom-Dichte-Operator und $\vec{F}^{ik}$ der Feldstärke-Operator des Maxwellschen Feldes ist.

Die Quanten-Elektrodynamik, welche die Einsteinsche Photonen-Hypothese impliziert, verlangt die strengen Gleichungen (6). In diesem Falle ist sowohl das Materiefeld ψ (Diracsches Spinorfeld) als auch das Maxwellsche Feld F gequantelt; es gibt Elektronen und Photonen. Die Gleichungen (6) implizieren die exakte Gültigkeit des Energie-Impuls-Satzes für jeden Elementarakt, wie dies die Versuche von W. Bothe und H. Geiger bzw. A. H. Compton und A. Simon nachgewiesen haben.

Die zweite Schreibweise (7) enthält hingegen nur Aussagen über Mittelwerte, also über ein statistisches Ensemble von Elementarakten. Die Auffassung von Bohr, Kramers und Slater, mit ihrem Versuch die atomistische Materie mit einem nicht-gequantelten elektromagnetischen Feld zu koppeln, führt auf reine Wahrscheinlichkeitsgesetze im Sinne der klassischen Statistik. Deswegen ist ohne die Einsteinsche Photonentheorie der Energie-Impuls-Satz für die Elementarakte der elektromagnetischen Strahlung nur statistisch gültig.

Eine Operator-Gleichung der Form

$$\vec{F}^{ik}{}_{,k} = \vec{j}^{i} \tag{8a}$$

impliziert die Mittelwertsgleichung

$$\langle \vec{F}^{ik}{}_{,k} \rangle = \langle \vec{j}^{i} \rangle . \tag{8b}$$

Dagegen führt die quasi-klassische Mittelwertsgleichung

$$\langle F^{ik}{}_{,k} \rangle = \langle \vec{j}^{i} \rangle \tag{9}$$

nicht auf eine Operator-Gleichung.

Die Operator-Gleichung ist strenger als die Mittelwertsgleichung.[1])

Bohrs, Kramers' und Slaters Kopplung zwischen klassischem elektromagnetischem Feld und der Quantenmechanik des Elektrons erlauben nur die Mittelwertsgleichung (9), und diese Mittelwertsgleichung führt nur auf die statistische Gültigkeit der klassischen Erhaltungssätze.

Dies gilt auch in der Einsteinschen Gravitationstheorie. Hier ist wegen der Planckschen Unschärferelationen (5a, b) die Gültigkeit

---

[1]) Max Planck hat in seinen „Vorlesungen über die Elektrodynamik" darauf hingewiesen, daß aus der Faradayschen Integralform der Grundgesetze der Elektrodynamik (Amperesche Verkettungsgesetze und Faradaysche Induktionsgesetze) die Maxwellschen Feldgleichungen nicht eindeutig herleitbar sind. — Die Maxwellschen Gleichungen enthalten viel mehr Hypothesen und Informationen als die Faradayschen Integralsätze; die Maxwellschen Feldgleichungen implizieren u. a. den Maxwellschen Spannungstensor und den Poyntingschen Vektor der Impuls-Strömung.

des Energie-Impuls-Satzes bei Elementarakten nicht mehr feststellbar. Alles, was meßbar ist, wird durch die Mittelwertsgleichung beschrieben, die hier ad libitum in der Form

$$\langle \vec{G}^{ik} \rangle = -K \langle \vec{T}^{ik} \rangle \tag{10a}$$

oder

$$\langle G^{ik} \rangle = -K \langle \vec{T}^{ik} \rangle \tag{10b}$$

beschrieben werden kann.

Diracs Argumentation führte notwendig von der Quantentheorie des Elektrons zur Quanten-Elektrodynamik. Die Gleichungen (8) verbinden die Existenz von Elektronen mit der Existenz von Lichtquanten.

Das Bohrsche Korrespondenzprinzip verlangt nun, daß alle Quanten-Feldgleichungen für große Teilchenzahlen in klassische Feldtheorien übergehen. Dieses Postulat erzwingt skalare, vektorielle und tensorielle Felder, d. h. Felder, deren Potentiale eindeutigen Darstellungen der speziell-relativistischen Lorentz-Gruppe entsprechen.

Für Teilchen, deren Materie-Felder von der Art der Diracschen Spinoren sind (also für zweideutige Darstellungen der Lorentz-Gruppe), können anstelle dieser Kommutationsregeln auch solche treten, bei denen

$$p_i q^k + q^k p_i = i\,\delta_i{}^k h, \quad p_i p_k + p_k p_i = 0, \quad q_i q_k + q_k q_i = 0$$

gilt. — Verlangt man nun, daß im Sinne von Diracs Interpretation der Anti-Materie für die Energiedichte immer

$$T_{00} \geqq 0$$

und für die Ladungsdichte hingegen

$$J_0 \leqq 0$$

gilt, so ergibt sich zwangsläufig eine Quaternionen-Algebra für die Diracschen Spinorfelder entsprechend den obigen Kommutationsregeln mit dem Plus-Zeichen.

Diese Erkenntnis begründete die Unterscheidung zwischen der Bose-Einsteinschen und der Fermi-Diracschen Quanten-Statistik der Partikeln. Haben die Teilchen einen ganzzahligen Spin (bzw. den Spin Null), so entsprechen ihren Feldgrößen eindeutige Darstellungen der Lorentz-Gruppe; die für sie zuständige Statistik ist die Bose-Einsteinsche Statistik. – Haben die Teilchen hingegen halbzahlige Spins, d. h. betragen ihre Eigendrehmomente $\left(n+\frac{1}{2}\right)h$ $(n = 0, 1, \ldots)$, so müssen sie nach der Fermi-Dirac-Statistik gezählt werden. Die Fermi-Dirac-Statistik für Materiefelder, die durch Diracsche Spinoren dargestellt werden, ist damit eine Konsequenz ihrer Wellengleichungen. Diracs Herleitung der Paulischen Spin-Matrizen aus der relativistischen Quantenmechanik impliziert damit das Paulische Verbotsprinzip für Teilchen mit halbzahligem Spin.

Die Tatsache, daß die Plancksche Konstante ein axialer Vektor ist, hat somit weitreichende Konsequenzen für die Theorie der Teilchen und Felder. Diese ergaben zunächst die Entdeckung der Richtungsquantlung und dann eben Diracs relativistische Wellenmechanik des Elektrons.

III. Die neuen Theorien führten zu Voraussagen in neuen Erfahrungsbereichen, z. B. auf dem Gebiet der atomaren Struktur oder bei Bewegungen nahe der Lichtgeschwindigkeit. Heutzutage ist die Physik wiederum mit Grundproblemen hinsichtlich ihrer inneren Struktur konfrontiert. P. A. M. Dirac lenkte die Aufmerksamkeit auf die Inkonsistenzen, welche bei einer grundsätzlichen Analyse zwischen den fundamentalen Theorien – Quantenmechanik und Relativitätstheorie – auftreten. Zusammen mit diesen Inkonsistenzen treten mathematische Singularitäten auf. Diese können zwar durch rechnerische Methoden großer praktischer Wirksamkeit, wie die Technik der Renormierung in der relativistischen Quantenmechanik, umgangen, aber – wie Dirac betonte – nicht innerhalb der Quantenmechanik und Relativitätstheorie gelöst werden. Darüber hinaus sind die Konzeptionen und Prinzipien dieser Theorien nicht ausreichend, um die Substruktur der Elementarteilchen oder die Megastruktur des Universums zu verstehen. Dabei ist klar, daß die neuen Konzeptionen, die entwickelt worden sind, um dieses Ziel zu erreichen, mit denen der Quantenmechanik und Relativitätstheorie kompatibel sein müssen. Diese können aber nicht aus diesen Theorien abgeleitet werden; sei stellen zusätzliche Hypothesen dar.

Aktuelle Versuche für die Lösung dieser Probleme sind die neuen Theorien der Elementarteilchen, die die Quantentheorie erweitern, und die „unitären" Verallgemeinerungen der Relativitätstheorie. Letztendlich haben beide Konzepte ihren Ursprung in Einsteins Traum einer Weltgeometrie. Sie zielen auf eine

Vereinheitlichung der Grundlagen der Physik auf der Basis von unitarisierten Theorien der mikroskopischen (Kernkräfte und Radioaktivität) und makroskopischen (Elektromagnetismus und Gravitation) Wechselwirkungen. Aber die Physik ist vor eine paradoxe Situation gestellt. Auf der einen Seite können die Fundamente der Quantenmechanik und Relativitätstheorie nicht vereinheitlicht werden. Ihre Konzeptionen reichen nicht aus, um die Physik der Elementarteilchen zu erklären. Auf der anderen Seite haben sich jedoch alle Schlußfolgerungen, die aus Quantenmechanik und Relativitätstheorie gezogen wurden, als richtig erwiesen. Alle ableitbaren Tatsachen für den Kosmos oder die Wechselwirkungen der Elementarteilchen konnten mit zunehmender Genauigkeit durch das Experiment verifiziert werden. Im Gegensatz zur Krise der klassischen Physik um 1900, die mit einem Versagen großer Teile der klassischen Mechanik, Elektrodynamik sowie der Thermodynamik verbunden war, scheinen alle Voraussagen der Quantenmechanik und Relativitätstheorie uneingeschränkt gültig zu sein. Deshalb müssen für die Entwicklung der neuen Theorien die fundamentalen Prinzipien der Physik vertieft werden, wobei die Ergebnisse von Quantenmechanik und Relativitätstheorie aufrechterhalten werden sollten.

Falls Quantenmechanik und Relativitätstheorie tatsächlich universelle Gültigkeit besitzen, beide Theorien zusammen weder ein im Sinne von H. Hertz und M. Planck „vollständiges" noch ein „widerspruchfreies" Grundlagensystem der Physik darstellen, dann wird die Physik die Grenzen der Anwendbarkeit des mathematischen Kalküls im Mikro- und Makrokosmos erreichen. Gemäß dem Prototyp der Vereinheitlichung von Elektrizität und Magnetismus in Maxwells Elektrodynamik, die ein neues Relativitätsprinzip, die Lorentz-Poincaré-Gruppe der Speziellen Relativitätstheorie, beinhaltete, ist eine derartige Vereinheitlichung mit der Entdeckung von Symmetrien in den Grundlagen der Physik verbunden. Es ist möglich, daß die neuen unitären Eichfeldtheorien von Elektromagnetismus und Radioaktivität (die J. C. Maxwells Feldtheorie und E. Fermis phänomenologische Theorie der schwachen Wechselwirkung vereinheitlichen) bereits die Massendifferenz von Proton und Neutron erklären könnten. Aber für das theoretische Verständnis des Massenverhältnisses von Elektron und Neutron benötigt man eine vereinheitlichte Theorie der starken, elektromagnetischen und schwachen Wechselwirkungen. Gegenwärtig fehlt zu diesem Problem noch jeder Zugang. Die Eichfeldtheorie von Elektromagnetismus und Radioaktivität basiert auf Grundgleichungen, die modifizierte „Maxwell"-Gleichungen darstellen, und schließt so direkt an Diracs Quantenelektrodynamik an: Neben den ruhmasselosen Photonen bei Einstein und Dirac werden auch „schwere Quanten" mit großen Ruhmassen m^* eingeführt. Mit Hilfe einer Konstanten von der Dimension einer Fläche $\sim (h/m^*c)^2$ ist Fermis Kopplungskonstante G durch

$$G \approx \frac{hc}{137}\left(\frac{h}{m^*c}\right)^2$$

gegeben. Die Masse m^* des schweren Bosons ist konsequenterweise eine neue universelle Konstante, die diese Verallgemeinerung der Maxwellschen Theorie erlaubt. Es ist jedoch in jedem Falle eine Frage unseres Physikverständnisses, ob man eine neue Universalkonstante einführen sollte. Dies gilt für die Masse von schweren Photonen, für Heisenbergs Elementarlänge sowie — in anderen Dimensionen — für Einsteins kosmologische Konstante. In der derzeitigen Elementarteilchen-Physik steigt die Zahl der „letzten Bausteine der Materie" immer mehr an. Man findet heutzutage immer mehr Quarks und neue Leptonen (zusammen mit deren Neutrinos). Demzufolge werden immer mehr Quantenzahlen eingeführt, die nicht in Raum und Zeit interpretiert werden können, aber klassifiziert werden als „fundamentale Darstellungen" von Symmetriegruppen (Isospin, Leptonenzahl, strangeness, charm, colour usw.). Das Spiel mit neuen universellen Konstanten ist eine tiefere Form des Spiels mit Quarks, Leptonen und mit den Quantenzahlen und des Hinterfragens ihrer Bedeutung. Die neuen Konstanten sind, weit mehr als Plancks Konstante h, c und f, implizite Formulierungen von A. S. Eddingtons, P. A. M. Diracs und E. Schrödingers Frage: „Warum ist der Kosmos so groß und sind die Atome so klein?"

Um 1900 war es ein Hauptproblem innerhalb der Physik, ihren gesamten Inhalt auf die Elektrodynamik zu reduzieren. Dieses Vorhaben wurde durch die Entwicklung von Relativitätstheorie und Quantenmechanik aufgegeben. O. Larmor, H. A. Lorentz, J. R. Rydberg und G. Mie und viele andere Physiker glaubten, daß das Elektron die „primäre Materie" ist und daß die — durch Ergänzungsterme (und neue universelle Konstanten) modifizierte — Maxwell-Lorentzsche Elektrodynamik die unitäre Theorie der Physik bilden könnte. H. A. Lorentz z. B. (1900) hoffte (er folgte hier N. F. Mossotti, W. Weber und F. Zöllner), die Gravitation als eine kleine Korrektur der Maxwellschen Gleichungen zu erhalten. Die „Elektronentheorie der Gravitation", für die sich auch

P. Dirac interessierte, zielt darauf hin, die universelle Gravitation als einen „kleinen Defekt" (etwa 40 Größenordnungen) einer nicht-universellen Wechselwirkung darzustellen, und machte im Prinzip bereits die Probleme deutlich, die eine Reduktion einer universellen auf eine nicht-universelle Wechselwirkung impliziert. Eine bessere Näherung wäre, nicht-universelle Kräfte als „kleine Korrekturen" stärkerer universeller Wechselwirkungen darzustellen, aber „die Verhältnisse sind nicht so".

Die nicht-universellen Kräfte haben „Sommerfeld-Konstanten" von der Ordnung 10 bis 1/100 (starke, mittelstarke elektromagnetische Wechselwirkungen). Im Gegensatz dazu ist die „Sommerfeld-Konstante" der universellen Gravitation eine „Eddingtonsche Zahl" von der Ordnung 10^{-38} bis 10^{-44}. Es ist möglich, daß die Fermi-Kopplung der schwachen Wechselwirkung auch universellen Charakter besitzt, aber ihre „Sommerfeld-Konstante" von der Ordnung 10^{-22} bis 10^{-15} ist ebenfalls zu klein. Deshalb erscheint es hoffnungslos (ohne die Einführung neuer elementarer Konstanten) eine „Grand Unification" der physikalischen Felder zu versuchen. In solchen Theorien erhält man immer numerische Koeffizienten von „kosmischer" Größe. Ferner sollte entweder gezeigt werden, (ausgehend von der Gravitationstheorie im Sinne von Einsteins „Vision") wie diese Kräfte unter Verzicht auf die Universalität um den Faktor 10^{40} angehoben werden können, oder (gemäß der „Elektronentheorie der Gravitation" oder „Heisenbergs Urfeldtheorie") wie universelle Kräfte als „Korrekturen höherer Ordnung" aus nicht-universellen starken Wechselwirkungen abgeleitet werden. Diese Frage war es, die P. A. M. Dirac seit 1937 immer wieder erneut bewegt hat, sich mit kosmologischen Problemen zu beschäftigen. Dirac nahm eine Zeitabhängigkeit der Gravitationskonstanten G, ihre Reziprozität zum „Weltalter" T an. Die beiden Fassungen dieser kosmologischen Hypothese bei P. Dirac (1938 und 1974) enthalten die beiden möglichen Antworten auf diese Frage. Nach Dirac ist $G \sim T^{-1}$ und der Weltradius ist $R \sim T$. Wegen der „Mach-Einstein-Bedingung" für endliche Kosmen der Masse $\mathfrak{M}$ mit der Baryonen-Zahl N

$$\frac{GNM}{R} \approx c^2, \quad \mathfrak{M} \approx NM \tag{11}$$

gibt es dann entweder eine Vermehrung der Teilchen-Zahl im Kosmos entsprechend

$$N \sim \frac{R}{GM} \sim T^2 \tag{12a}$$

(Dirac 1938). Dies führt auf die „Skalar-Tenso -Theorie der Gravitation", wie sie P. Jordan u. a. vorgeschlagen haben. Hier tritt anstelle eines „Urknalls" die permanente Entstehung von Teilchen, Sternen und Galaxien während der Evolution des Universums. Oder es gilt (mit konstanter Teilchen-Zahl N; $N \approx 10^{80}$)

$$M \sim \frac{R}{GN} \sim T^2 \tag{12b}$$

(Dirac 1974). Dieser Ansatz Diracs stellt die Frage nach der Bedeutung der „universellen Naturkonstanten" überhaupt, die gemäß Planck von „überhaupt nichts", also auch nicht von T abhängen sollen. — (12a) stellt ein Prinzip der Quantenfeldtheorien, die Erhaltung der Teilchen-Zahlen, in Frage. (12b) dagegen bedeutet bereits eine Modifikation der Diracschen Wellengleichungen für Teilchen der Ruhmasse M durch Diracs „New Cosmology".

Die tiefen Erkenntnisse Diracs haben Auswirkungen auf die Grundlagen der Physik, aber auch unserer Mathematik und der Logik. Unsere Mathematik beruht auf der Möglichkeit, „körperliche" Objekte auszusondern, die abgezählt und nach Merkmalen geordnet werden können. Sie verdanken ihr Dasein natürlich auch dem Zwischenraum zwischen ihnen, ohne den sie ein amorpher Brei, eine Molluske, wären. Diracs Leistung bestand nun darin, zu zeigen, daß dieser Zwischenraum zwischen den körperlichen Objekten, den schon Einstein das „sogenannte" Vakuum nannte, nur unter gewissen quantitativen Bedingungen vorhanden ist. Auf einem hohen Niveau der Energiebereitstellung gibt es das nicht mehr, da sich die Objekte wegen der Trägheit der Energie von allein vermehren. Allerdings ist die Existenz zweier Vorzeichen der elektrischen Ladung entscheidend: die Gültigkeit der von Bohr und Heisenberg aufgefundenen Unbestimmtheitsrelation, in die das Wirkungsquantum bestimmend eingeht, und das Pauli-Prinzip für freie oder besetzte Plätze. Durch das dauernde Entstehen von Materie und Antimaterie werden die körperlichen Objekte umzogen von einer Hülle von „virtuell entstehenden und vergehenden" Teilchen, und Heisenbergs Bemerkung, daß jedes Elementarteilchen eigentlich aus allen anderen besteht, findet so seine Erklärung.

Daß die elektrische Ladung zwei Vorzeichen hat, weiß man bereits seit Lichtenberg; daß die Energie Trägheit besitzt, seit Einstein. Aber erst die Verbindung dieser Erkenntnisse mit der Quantentheorie, mit der durch sie feststellbaren Existenz stochastischer Ereignisse, der Quantensprünge zwischen verschiedenen Zuständen, wie sie von Bohr aufgedeckt wurden, und mit dem

Pauli-Prinzip stellen die Kommunikation zwischen der Welt und der Antiwelt der Elementarteilchen her.

Wir möchten auf Diracs Konto den genialen Blick hinter die Kulissen einer physikalischen Welt setzen, die im Vordergrund durch die großen Entdeckungen von Newton mit seinen „Prinzipien" und von Boltzmann mit der Existenz von Wahrscheinlichkeitsgesetzen gekennzeichnet wird. Wenn Pauli wahrscheinlich zu Recht vorausgesagt hat, daß die innige Verbindung der Entdeckungen von Planck und Einstein für die Physiker Beschäftigung für die nächsten 300 Jahre bilden wird, so hat Dirac in dieser Richtung den ersten und bereits sehr weitgehenden Schritt getan.

> „Wer hat die Quantenphysik entdeckt,
> Demokrit oder Planck?"
>
> (Schrödinger 1930)

5. Demokrit — Planck

I. Die communis opinio der Physiker von heute hat sich klar für Planck entschieden: Das wesentliche, über die bloße Entdeckung einer neuen Naturkonstante Hinausgehende war die Bestimmung ihres Betrages $h \approx 6{,}626 \cdot 10^{-34}\ \mathrm{Ws}^2$. Das war die geniale Leistung von Planck.

Für die nachfolgende Meinungsbildung der Physiker spielte natürlich die Äußerung A. Einsteins eine große Rolle, daß das Wirkungsquantum h fundamentaler sei als die Atome, eine Ansicht, der sich auch Bohr und Heisenberg angeschlossen haben.

Es gibt eine Reihe von für Physiker überzeugenden Gründen, die die unbedingte Priorität von Planck unterstreichen.

Unmittelbar manifest wird das Wirken der Konstante h an Phänomenen der Wechselwirkung der Strahlung mit „ponderabler" Materie, die im Rahmen der klassischen Physik unverständlich sind:

- das Wiensche Verschiebungsgesetz und der exponentielle Abfall der spektralen Verteilungsfunktion der Strahlung zu hohen Frequenzen,
- der Photoeffekt.

Aus dem Wienschen Verschiebungsgesetz und der Verteilungsfunktion ermittelte Planck

$$E = h\nu \sim kT\,. \tag{1}$$

Aus dem Photoeffekt hat A. Einstein auf dem Fundament der Planckschen Entdeckung seine photoelektrische Gleichung

$$\frac{mv^2}{2} = h\nu - A = eV \tag{2}$$

abgeleitet, die eine unabhängige Ermittlung von h ermöglicht, sofern A in Gleichung (2) bekannt ist, etwa aus der Glühemission, und sofern die Photoelektronen durch ein Gegenfeld V abgebremst werden. Er entdeckte die Lichtquanten unabhängig davon durch Inbetrachtziehen des größenordnungsmäßigen Unterschieds von Wellenlänge und Atomabmessungen.

Bei beiden Phänomenen handelt es sich um die Wechselwirkung elektromagnetischer Strahlung mit „mikroskopischen" Objekten, die mit Ruhemassen behaftet sind. Im erstgenannten Fall wird h/k ermittelt, im zweiten h/e, wenn man die Photoelektronen elektrisch abbremst.

In beiden Fällen wird vorausgesetzt, daß mit Ruhmassen und Ladung ausgestattete Teilchen vorhanden sind, die eine elektromagnetische Strahlung erzeugen, streuen – und absorbieren. Ohne solche Teilchen gibt es keine Strahlung. Was allerdings absorbieren bedeutet, ist zunächst nicht ganz klar, weil „Absorption" eine Degradation der Energie impliziert, d. h. eine Aussage über Entropievermehrung, was mit der reversiblen Wechselwirkung einzelner Teilchen nicht zu vereinbaren ist.

Das notwendige Vorhandensein beider Faktoren, Strahlung und Stoff, ist bei der Verteilungsfunktion durch das „Plancksche Kohlestäubchen" gegeben, das zur Herstellung des Gleichgewichts der miteinander nicht wechselwirkenden Partialwellen erforderlich ist. Beim Photoeffekt handelt es sich um die Ablösung eines Elektrons aus dem Verband eines Atoms oder eines Metalls.

II. Es ist sicher nicht nebensächlich, daß die Atomistik von Demokrit über Dalton und Mendelejew, man kann sogar sagen bis Boltzmann, nicht zur Entdeckung der Konstanten h und der Ermittlung ihres Betrages geführt hat, obgleich eine Reihe von Eigenschaften der Stoffe in den verschiedenen Aggregatzuständen im Rahmen der klassischen Physik unverständlich sind. Das sind z. B.

– die Existenz der elektrischen Elementarladung,
– die Existenz lokalisierter Teilchen mit Ruhmassen,
– die Existenz verschiedener Arten von Atomen (Elemente),

— die Existenz definierter Abmessungen von Atomen,
— die Periodizität der Atome hinsichtlich ihres „chemischen" Verhaltens.

N. Bohr hat entdeckt, daß die Abmessungen der Atome „ab initio" ausgerechnet werden können, wenn man die Kernladungszahl Z kennt und die Elementarkonstanten e, h und m ermittelt hat. Er konnte auch wesentliche zahlenmäßige Beziehungen für den Aufbau der Perioden im System der Elemente auffinden.

Dirac gelang es dann, in einer Theorie, die zusätzlich zu e, h und m auch die Lichtgeschwindigkeit c einschloß, zu zeigen, daß die von Bohr entdeckte Eigenschaft der Konstanten h, nicht nur als Skalar Bedeutung zu haben, sondern gleichzeitig als Quant des Drehimpulses $\hbar$, auch losgelöst von allen vorstellbaren Bewegungsvorgängen des Elektrons vorhanden ist und zum Auftreten des Elektronen-Spins führt. Darüber hinaus hat Bohr immer wieder darauf hingewiesen, daß h nur in den „Vertauschungsrelationen" zwischen den q-Zahlen vorkommt.

Ferner hat Dirac vorausgesagt, daß neben den weit verbreiteten negativen Elektronen auch positive existieren können, die durch Wechselwirkung mit Strahlung aurseichender Energie

$$h\nu > 2mc^2 \tag{3}$$

entstehen, wobei gleichzeitig ein Drehimpulsquant $\hbar$ je zur Hälfte jedem der Elektronen mitgegeben wird, und wobei jedes eine ganze Ladung $\pm e$ mitnimmt.

III. Die enormen Erfolge von Bohr, Heisenberg und Dirac, über Planck und Einstein hinausgehend, haben die communis opinio der Physiker in dem Glauben bestärkt, *daß alle im Sinne der klassischen Physik unverständlichen Phänomene*, oder sogar der heute insgesamt bekannten Physik, *irgendwie mit dem Wirkungsquantum h zusammenhängen müßten.* Wir möchten uns von dieser Auffassung nicht ausschließen. Man muß allerdings kritisch darauf hinweisen, *daß nicht das geringste Anzeichen dafür vorhanden ist, wie aus der heute bekannten Quantenphysik ein Ladungsquant und damit zusammenhängend der Wert der dimensionslosen Konstanten* e^2/hc, *von der die ganze relativistische Quantenphysik lebt, herauskommt.*

Es sind zwar Versuche unternommen worden, das Spektrum der Massen der Elementarteilchen aus quantenphysikalischen Grundlagen herzuleiten, allerdings bislang ohne Erfolg. Auch die theoretische Vorhersage von Partikeln mit einem Drittel oder zwei Dritteln der Elementarladung e („Quarks") setzen die Existenz von e voraus. Nach unserer Kenntnis setzen alle Quantentheorien die Verwendung der Elementarkonstanten voraus, so wie sie sind.

Man könnte deshalb, um Schrödingers tiefgreifender Anfrage „Demokrit oder Planck?" gerecht zu werden, so antworten: Es gibt eine Physik, die an die Konstante h gebunden ist und die mit der Atomistik zusammenhängt. Diese h-Physik geht eindeutig auf Planck zurück. Aber, aus dieser Physik folgt die Atomistik als Existenz lokalisierter geladener Teilchen unterschiedlicher Massen nicht, vor allem nicht die des Ladungsquants, so daß also Demokrit mehr behauptet hat als die Quantenphysik zu beantworten kompetent ist.

IV. Wir möchten meinen, daß aus dieser komplizierten Situation ein Ausweg nur durch eine tiefergreifende Analyse der Tragfähigkeit unseres Begriffsinventars möglich ist.

Um einen Zugang zu finden, verweisen wir auf Dirac, der im Vorwort zur zweiten Auflage seiner „Quantenphysik" (1934) geschrieben hat:

"The main change has been brought about by the use of the word "state" in a threedimensional non-relativistic sense. It would seem at first sight a pity to build up the theory largely on the basis of non-relativistic concepts.

The use of the non-relativistic meaning of "state", however, contributes so essentially to the possibilities of clear exposition as to lead one to suspect that the fundamental ideas of the present quantum mechanics are in need of serious lateration at just this point, and that an improved theory would agree more closely with the development which aims at preserving the relativistic meaning of "state" throughout."

Diese Äußerung von Dirac kann man so interpretieren, daß die Tragfähigkeit unseres Begriffsinventars als gesichert anzusehen ist im Bereich der klassischen Physik und der nichtrelativistischen Quantenmechanik, so wie sie N. Bohr und E. Schrödinger gehandhabt haben. Hinzu kommen einzelne Aussagen der Speziellen Relativitätstheorie.

Was die Ausdehnung darüber hinaus anbelangt, so muß man anknüpfen an die tiefergreifenden Auseinandersetzungen, die zwischen Bohr, Pauli, Landau, Peierls u. a. vor 50 Jahren stattgefunden haben, über die W. Pauli in der ersten Fassung seines Handbuchartikels ausführlich berichtet hat [1].

V. Wir möchten demnach davon ausgehen, daß das Begriffsinventar, das uns N. Bohr und W. Heisenberg hinterlassen haben, zweifellos als verläßlich und dauerhaft angesehen werden kann. Vor allem auch, weil es unmittelbar mit der Aussage unserer Meßgeräte und -ergebnisse konform geht.

Um die Grenze dieser Sicherheit zu ermitteln, möchten wir von zwei Begriffen ausgehen, dem des stationären Zustandes, insbesondere des Grundzustandes, und dem der Quantensprünge. Beide spielen in der Begriffsfindung des erweiterten Bohrschen Modells eine entscheidende Rolle.[1])

VI. Die Aussagen über die Wirklichkeit, die auf Elementarkonstanten, die „von nichts abhängen", und auf Quantensprüngen mit á-priori-Wahrscheinlichkeit, die ebenfalls „von nichts abhängen", basieren, sind natürlich nach unserer heutigen Kenntnis einer weiterführenden Analyse zugänglich.

Sehen wir uns doch einmal an, wie das im einzelnen aussieht.

Wir wissen, daß die Persistenz chemischer Atome und der Zerfallskonstanten des radioaktiven Zerfalls offenbar Tieftemperatureffekte sind und damit typische Quanteneffekte, und daß bei genügend hohen Temperaturen weder das eine noch das andere angenommen werden kann. Zu der durch die relativistischen Betrachtungen kommenden Relativierung der „absoluten" Quantenbegriffe kommen demnach noch Milieueffekte hinzu, die durch die Angabe der Temperatur gekennzeichnet werden können. Und damit kommen wir nun u. E. auf den tieferen Hintergrund der Frage von Schrödinger.

Wir lesen in seiner Antrittsrede von 1922 in Zürich, die interessanterweise erst 6 Jahre später in den „Naturwissenschaften" abgedruckt worden ist, daß Schrödinger es damals für möglich gehalten hat, daß auch die á-priori-Wahrscheinlichkeiten von Einstein und der Quantenphysik sich als Wahrscheinlichkeit im Boltzmann-Exnerschen Sinne enthüllen werden [2].

Schrödingers Auffasung über die Stochastik in der Quantentheorie führte 1929 zu einer Diskussion in der Berliner Akademie der Wissenschaften zwischen E. Schrödinger und M. Planck. Schrödinger bemerkte in seiner Antrittsrede u. a.: „Es ist die Frage nach der Zweckmäßigkeit des unverbrüchlichen Postulates der Kausalität."

---

[1]) Man könnte natürlich auch den Spin und das Pauli-Prinzip betrachten, die ebenfalls engstens mit den Elementarkonstanten zusammenhängen, wie N. Bohr nachgewiesen hat.

Praktisch hatte man auf die Kausalität allerdings schon im Rahmen der klassisch-mechanischen Naturerklärung verzichten müssen. H.-J. Treder persönlich ist diese Tatsache mit einem tiefen Jugendeindruck bei der Antrittsvorlesung Fritz Hasenöhrls verknüpft, des allzu früh durch den Krieg uns Entrissenen, dem er die Grundlage seiner wissenschaftlichen Persönlichkeit dankt. Es würde, so erklärte Hasenöhrl seinen Hörern, nicht gegen die Naturgesetze verstoßen, wenn dieses Stück Holz sich plötzlich ohne erkennbaren Grund in die Luft erhöbe. Nach der mechanischen Naturerklärung ist ein solches Wunder als Umkehrung des entgegengesetzten Vorganges nicht unmöglich, es ist nur außerordentlich unwahrscheinlich. — Aber die Wahrscheinlichkeitsauffassung der Naturgesetze, die Hasenöhrl bei diesen Worten im Auge hatte, verstößt noch nicht wirklich gegen das Kausalitätspostulat. Die Unbestimmtheit entspringt dabei nur aus der praktischen Unmöglichkeit, den Anfangszustand eines aus Billionen von Atomen zusammengesetzten Körpers genau festzustellen. Heute dagegen werden Zweifel an der eindeutigen Bestimmtheit des Naturgeschehens in ganz anderem Sinne laut. Die Schwierigkeit bei der Feststellung des Anfangszustandes soll nicht nur eine praktische, sondern eine prinzipielle sein, sie soll nicht nur für ein kompliziertes Gebilde, sondern schon für das einzelne Atom oder Molekül vorliegen. Da das prinzipiell nicht Beobachtbare für den Naturforscher nicht existiert, ist der Sinn dieser Meinung der: Schon der Zustand des Elementargebildes liegt nicht in solcher Weise fest, daß eine ganz bestimmte Einwirkung ein ganz bestimmtes Verhalten des Gebildes nach sich zieht.

Franz Exner (dem ich für ungewöhnlich große Förderung persönlichen Dank schulde, H.-J. Treder) war der erste, der die Möglichkeit und die Vorzüge akausaler Naturauffassung in den Vorlesungen erörterte, die er 1919 publiziert hat. Seit 1926 ist die Frage durch die Quantentheorie unter neuem Gesichtspunkt aufgerollt. Sie scheint in der Tat von grundlegender Wichtigkeit. Aber wir glauben nicht, daß sie in dieser Form jemals beantwortet werden wird. Es handelt sich bei dieser Frage u. E. nicht um eine Entscheidung über die wirkliche Beschaffenheit der Natur, wie sie uns entgegentritt, sondern über die Zweckmäßigkeit und Bequemlichkeit der einen oder der anderen Einstellung unseres Denkens, womit wir der Natur gegenübertreten.

Demgegenüber antwortet M. Planck als Vorsitzender Sekretar: „Die Frage, ob die Gesetzmäßigkeiten, auf die wir in der Natur stoßen, im Grunde sämtlich nur Zufallscharakter besitzen, also statistischer Art sind, läßt sich auch folgendermaßen formulieren: Sollen wir die Erklärung für die tatsächlich allenthalben auftretende Unsicherheit und Ungenauigkeit, die jeder einzelnen physikalischen Beobachtung anhaftet, stets nur in speziellen Eigentümlichkeiten des jeweils vorliegenden Falles suchen, sei es in der komplizierten Beschaffenheit des betrachteten physikalischen Objektes, sei es in der Unvollkommenheit der benutzten Meßgeräte einschließlich unserer Sinnesorgane, oder sollen wir die Unsicherheit weiter rückwärts verlegen in die Fassung der elementaren Grundgesetze der Physik?"

Und weiterhin bemerkt Planck:

„So wird es, wie mir scheint, auch in der Physik künftig darauf ankommen, die Frage nach den Bedingungen, welche den Verlauf eines Naturvorganges eindeutig kausal bestimmen, grundsätzlich getrennt zu halten von der weiteren Frage, ob und inwieweit diese Bedingungen experimentell zu verwirklichen sind."

In einer Diskussion mit Max von Laue hat Max Born bemerkt, daß die Quantenmechanik im Grunde genommen nichts mit der Atomistik zu tun hat, sondern ein Ausdruck für eine durch die Plancksche Konstante h formulierte „Stochastik" ist. Born akzeptierte damit (unabhängig von all seinen Vorbehalten gegen Schrödingers Wissenschaftstheorie) die Thesen, die Schrödinger 1922 vorgetragen hatte: Die Quantentheorie ist eine stochastische Physik im Sinne von L. Boltzmann und F. Exner.

Wenn aber h „von nichts abhängt", dann haben auch die beiden Grundbeziehungen der Quantenphysik

$$E = h \cdot \nu \quad \text{oder} \quad E \cdot \frac{1}{\nu} = h, \tag{1}$$

$$\lambda = \frac{h}{p} \quad \text{oder} \quad \lambda \cdot p = h \tag{2}$$

einen universellen, „von nichts abhängenden" Charakter.

Dasselbe gilt natürlich für die Heisenbergschen Unschärferelationen, die nach Dirac eine Aussage darstellen über Wellenpakete, die Teilchen repräsentieren und vor allem aber über die Welt der virtuellen Zustände, die an „h" gebunden sind.

M. Borns Bemerkungen zu Laue beriefen sich auf die Diskussion zwischen Born, Einstein und Pauli. In dieser Diskussion hob W. Pauli hervor, daß die Schrödinger-Gleichung in dem Sinne von jeder Atomistik unabhängig ist, wie die Massen m in dem Hamilton-

Operator

$$H = \frac{p^2}{2m}$$

jede beliebige, also auch makroskopische Größenordnung haben können.

Die Körper könnten z. B. Sterne oder Planeten sein. Die tatsächliche Ununterscheidbarkeit zwischen nichtrelativistischer klassischer Mechanik und Quantenmechanik großer Körper wird dadurch gewährleistet, daß — im Sinne des Planckschen Korrespondenzprinzips — für große m die de-Broglie-Wellenlänge

$$\lambda = \frac{h}{mv}$$

sehr klein gegenüber dem geometrischen Radius der Körper ist. Auch das Kepler-Problem der Newtonschen Himmelsmechanik führt in der Quantenmechanik auf eine Lösung der Schrödinger-Gleichung; aber das Bohrsche Korrespondenzprinzip sagt aus, daß wegen der riesigen Massen M der Planeten und ihrer beachtlichen Geschwindigkeiten

$$v^2 = \frac{fM_S}{r}$$

die de-Broglie-Wellenlänge h/Mv sehr viel kleiner als der Radius der Planeten und erst recht als der Halbachsen r der Kepler-Ellipsen ist (M_S: Sonnenmasse).

Das Auswahl-Prinzip für die Wellenfunktionen ist — in Verallgemeinerung des Pauli-Prinzips — der Ansatz, daß wegen der Ununterscheidbarkeit der Teilchen von derselben Masse, Ladung und mit denselben Quantenzahlen nur solche Lösungen der Wellengleichung physikalisch akzeptabel sind, für die die physikalisch identischen Teilchen auch nicht mathematisch unterscheidbar sind. Solche identischen Teilchen können nur „Atome" sein.

Das Leibnizsche „principium individuationes" ist eine quantentheoretische Rezeption des Demokritischen Atomismus. In der nichtrelativistischen Quantentheorie ist dieses Symmetrie-Prinzip als Auswahl für die physikalisch sinnvollen Lösungen der Schrödinger-Gleichung nur aus dem Demokritischen Atomismus begründbar und auf Grund der Heisenbergschen Unschärferelation in die Physik einführbar; denn die Teilchen-Bahnen sind nicht verfolgbar.

Schrödinger tendierte in seinem Buch „Statistische Thermodynamik“ (unter Berufung vor allem auf das Gibbssche Paradoxon und den Nernstschen Wärmesatz) zu der Auffassung, daß bereits die Atomistik auf Grund der zu fordernden Ununterscheidbarkeit der Teilchen die Quantentheorie impliziere. Schrödinger meinte wohl damit, daß die makroskopischen Quanten-Effekte die Antwort „Demokrit“ ergeben.

Diese Auffassung Schrödingers deckt sich in etwa mit Einsteins Einführung der de-Broglieschen Materiewellen. Diese geschah in A. Einsteins Akademie-Vortrag „Quantentheorie des einatomigen idealen Gases“ 1925 mit folgenden Worten [3]:

„Wie einem materiellen Teilchen bzw. einem System von materiellen Teilchen ein (skalares) Wellenfeld zugeordnet werden kann, hat Hr. L. de Broglie in einer sehr beachtenswerten Schrift dargetan. Einem materiellen Teilchen von der Masse m wird zunächst eine Frequenz ν_0 zugeordnet gemäß der Gleichung

$mc^2 = h\nu_0$.“

Hieran schloß Einstein dann einen Absatz mit der Darstellung des Inhaltes von de-Broglies Dissertation an. [1])

Einstein bemerkte in seinem Vortrag — ganz im Sinne von Schrödingers Fragestellung —, daß die Gasentartung bei niedrigen Temperaturen (also das sogenannte Einstein-Kondensat) ein Beweis für die Existenz von Materiewellen ist.

VII. Wir möchten diese ungeklärte Frage auch noch unter einem anderen Aspekt betrachten: Es gibt sowohl in der klassischen Physik wie in der Quantenphysik „stochastische“ Ereignisse, nach Pauli solche, die „keiner näheren Erklärung zugänglich und bedürftig sind“. In der klassischen Physik sind das Vorgänge, von denen man auch sagt, sie seien zwar determiniert, aber nicht vorausberechenbar. Letzteres, weil sie von stochastischen Ereignissen, bedingt durch die atomistische Struktur der Stoffe, abhängen.

Zwei Beispiele zur Illustration:

Das labile Gleichgewicht einer Kugel auf einer Spitze wird zerstört durch thermodynamische Schwankungen in der umgebenden Luft. Zwar ist die dann einsetzende Bewegung der Kugel im

---

[1]) Zur Fußnote hierzu schreibt Einstein: „Louis de Broglie. Thèses. Paris. (Edit. Musson & Co), 1924. In dieser Dissertation findet sich auch eine sehr bemerkenswerte geometrische Interpretation der Bohr-Sommerfeldschen Quantenregel.“ [4]

Sinne der Mechanik determiniert, aber nach Größe und Richtung nicht vorausberechenbar, da die durch die Schwankungen geschaffenen Anfangsbedingungen nicht faßbar sind.

Ähnlich verhält sich ein Lichtbogenbrennfleck, der an seinem Umherlaufen nicht gehindert ist. Auch hier ist der ganze Vorgang determiniert, aber nicht vorausberechenbar und die Bahnkurve der Wanderung des Brennflecks ist durch Schwankungserscheinungen in der umgebenden Luft, im Brennfleckplasma und an der Oberfläche gegeben.

Auch die Beobachtungen an Kugelblitzen, soweit man ihnen Glauben schenken kann, zeigen ein durchaus analoges Verhalten.

Schließlich sei erwähnt das von Max von Laue behandelte Problem der Verzögerungszeit beim elektrischen Durchschlag, das seine technischen Nutzungsmöglichkeiten in der Konstruktion von Zählrohren gefunden hat. Auch hier wird der Übergang von einem stabilen Zustand in einen anderen durch Fluktuationen bewirkt und ist zweifellos determiniert, aber nicht vorausberechenbar: Nicht jede Apparatur kann zum Zählen bewegt werden; die Zählapparatur ist determiniert, der Zählakt nicht.

Wie ist das nun mit analogen Erscheinungen in der Quantenphysik?

Damals, als Planck formulierte, Elementarkonstanten sind solche, die „von nichts, aber auch von gar nichts abhängen", wurde auch gesagt, daß die Zerfallskonstanten radioaktiver Substanzen dadurch bemerkenswert seien, daß sie von nichts, aber auch von gar nichts abhängen, und sie könnten deshalb auch nicht beeinflußt werden.

Nach dieser Formulierung wäre der radioaktive Zerfall — der zweifellos determiniert ist nach Ausweis des exponentiellen Zerfallsgesetzes, und zwar das mit ungeheurer Präzision — nicht vorausberechenbar und eine völlige Analogie zu den stochastischen Phänomenen, die in der klassischen Physik festgestellt werden können.

Inzwischen hat man über Zerfallskonstanten und ihre Persistenz einiges gelernt und zwar im Bereich des Bohrschen Atommodells, dessen „Ausstrahlungsakte" ja gemäß Einsteins Strahlungstheorie (mit den Einsteinschen á-priori-Wahrscheinlichkeiten) sich zu den Prozessen des radioaktiven Zerfalls analog verhalten, allerdings mit anderen Zerfallskonstanten.

In beiden Fällen gilt das Auftreten eines Exponentialgesetzes für die zeitliche Abnahme in einem Kollektiv mit einer konstanten Zerfallsgröße oder einer reziproken Lebensdauer als Ausweis für den stochastischen Charakter des Vorgangs. Das war ja auch die Interpretation des radioaktiven Gesetzes durch Egon von Schweidler, die von Planck, Einstein und Bohr als verbindlich akzeptiert wurde.

Unterdessen haben wir aber gelernt, daß die Zerfallskonstanten atomarer Übergänge — und das gilt selbstverständlich mutatis mutandis auch für die analogen Größen im Bereich des radioaktiven Zerfalls von Kernen — durchaus von physikalischen Größen abhängen, z. B. von Feldern, wie sie bei Stößen atomarer Teilchen oder bei experimentellen Anordnungen auftreten oder in symmetrieändernden Manipulationen, wie sie z. B. bei Molekül- oder Kondensatbildung passieren können. Wir wissen, daß die Zerfallskonstanten um viele Größenordnungen, bis etwa 10^{10}-mal, verändert werden können. Und das schwache Übergänge unter Umständen stark werden können und umgekehrt.

Wenn man die Abhängigkeit der Zerfallskonstanten physikalisch fassen und damit natürlich auch beeinflussen kann, ist die Kennzeichnung „stochastisch" nicht mehr auf den Vorgang des Zerfalls im ganzen zutreffend. Der Vorgang kann in dem Sinne als determiniert angesehen werden, als daß nichts ohne physikalisch faßbaren Grund zerfällt. Andererseits bleiben bei jedem Zerfallsakt Zeitpunkt und Richtung der Zerfallsprodukte unbestimmt — zufällig, nicht aber die Energie der Zerfallsprodukte.

Da jedoch für die Gültigkeit der Newtonschen Prinzipien Ort und Geschwindigkeit (nach Größe und Richtung) willkürlich wählbar sind, trifft für Ort und Geschwindigkeit die Aussage Paulis über stochastische Ereignisse ebenfalls zu, daß sie nämlich keiner Erklärung bedürftig und keiner Erklärung zugänglich sind.

Es ist so nicht verwunderlich, daß auch der radioaktive Zerfall den Newtonschen Prinzipien untergeordnet werden kann und zugleich ein Element der Willkür enthält. Das ist wohl der tiefere Grund, warum die Newtonschen Prinzipien so gut auch auf die Quantenphysik passen.

Die Gültigkeit des exponentiellen Zerfallsgesetzes ist als letzte Instanz der Kennzeichnung von stochastischen Prozessen „absoluter" Art wohl nicht ausreichend.

Aber auch die mit „a-priori-Wahrscheinlichkeiten" im Sinne Einsteins quantentheoretisch bestimmten Übergänge besitzen eine „kausale Erklärung"; sie sind das Ergebnis der Wechselwirkungen der Teilchen mit dem Vakuum. Jedoch sind die Vakuum-Schwankungen, die diese Übergänge bewirken, ihrerseits wieder rein statistischer Natur. Sie sind das Ergebnis der aus der relativistischen Quantenfeldtheorie folgenden „Unschärfe" des Teilchenbegriffs. Die Wechselwirkung zwischen den aktuellen Teilchen und Feldern einerseits und dem Vakuum (als dem Inbegriff aller virtuellen Zustände) andererseits ergibt die Nichtlinearität auch der „freien Felder".

Das erste Beispiel eines solchen Vakuum-Effektes ist — wie P. Dirac zeigte — die von Schrödinger gefundene „Zitter-Bewegung" der Elektronen. Gemäß Schrödinger pulsieren die Elektronen um ihren eigenen Schwerpunkt mit einer Amplitude des geometrischen Mittels der Compton-Wellenlänge $\hbar/mc$ und des klassischen Elektronenradius $\alpha\hbar/mc$ [5].

Die „Zitterbewegung" Schrödingers entspricht dem Spin $\hbar/2$ des Elektrons und beruht gemäß der Diracschen Quanten-Elektrodynamik auf den Beziehungen zwischen den verschiedenen Längeneinheiten, die die Quantentheorie des Elektrons mit sich bringt. Die „nichtrelativistische Schrödinger-Gleichung" führt zum Bohrschen Atomradius

$$a = \alpha^{-1} \frac{\hbar}{mc} = \frac{\hbar^2}{e^2 m},$$

und aus diesem ergibt sich gemäß Bohr und Schrödinger die Wellenlänge λ der Grundfrequenz ν des Atoms:

$$\lambda = \alpha^{-1} \cdot a = \alpha^{-2} \cdot \frac{\hbar}{mc}.$$

Die relativistischen Effekte, die Diracs Wellengleichung erfaßt, führen dann zur Compton-Wellenlänge des Elektrons:

$$\frac{\hbar}{mc} = \alpha\, a.$$

Die Wechselwirkung mit dem Vakuum, nämlich die aus dem Demokritischen Prinzip hergeleitete Existenz virtueller Teilchen (virtueller Teilchen-Zwillingspaare), ergibt dann den „klassischen Elektronenradius"

$$\frac{e^2}{mc^2} = \frac{e^2}{\hbar c} \cdot \frac{\hbar}{mc} = \alpha^2 a,$$

und dieser führt sowohl zur Zitter-Bewegung als auch zur Lambshift und zum anomalen magnetischen Moment des Elektrons.

Insofern führt Schrödingers Zitter-Bewegung des Elektrons über „Planck" hinaus zu „Demokrit".

In der Quantenfeldtheorie ist Schrödingers Zitter-Bewegung ein Grundphänomen, das von „nichts anderem" abhängt. Aber wenn das Ziel einer einheitlichen Quantenfeldtheorie erreicht wäre, würde ja sowohl die Sommerfeld-Konstante $\alpha = e^2/\hbar c$ als auch die Ruhmasse m des Elektrons á priori berechenbar sein, und damit wäre dann auch der klassische Elektronenradius theoretisch deduzierbar, d. h. auf fundamentalere Größen zurückführbar.

VIII. Wir möchten zum Schluß noch dartun, daß es ein bestimmtes stochastisches Phänomen gibt, das offenbar „absoluten" Charakter hat, und das ist der Photoeffekt — das Grundphänomen der Quantenphysik.

Wir wissen, daß durch Einwirkung eines Lichtquants, dem man doch wohl die Ausdehnung von Wellenlängen-Quadraten oder -Kuben an der Oberfläche zubilligen muß, ein Atomelektron veranlaßt wird, sein Atom zu verlassen und nach außen auszutreten. Es gibt kein Verfahren, das sagt, welches von den im Einflußbereich eines Lichtquants liegenden mindestens 10^6 (wahrscheinlich aber wegen der Eindringtiefe der Strahlung von der Größenordnung der Wellenlänge sogar 10^9) Atomen sein Elektron einbüßt. Und keine bisherige Theorie fühlt sich kompetent, auf diese Frage zu antworten, man hält die Frage sogar für sinnlos.

Wir sehen in dem normalen Photoeffekt ein überzeugendes Beispiel einer neuartigen Stochastik, die qualitativ anders ist als die oben geschilderte Stochastik des radioaktiven Zerfalls oder der klassischen Modelle.

Wiederum ist aber das Neuartige dieses Phänomens mit einem Übergang im elektromagnetischen Feld verbunden. Der Photoeffekt kommt zustande durch eine Reduktion der Ausdehnung von der Wellenlänge des Lichtquants auf die Atomabmessungen. Offenbar ist das die Veranlassung für das Zustandekommen eines „absoluten" stochastischen Ereignisses. Damit ist wieder die Analogie zu stochastischen Ereignissen bei Vielkörperproblemen der klassischen Mechanik auf der Hand liegend, die ja auch auf der „Reduktion der Dimensionen" beruht (Konfigurationsraum — Meßraum).

In Rudolf Eislers „Philosophischem Wörterbuch" steht unter „Zufall" der Satz: „Es gibt keinen absoluten Zufall" [6].

Offenbar ist die Quantenphysik in einen Bereich vorgedrungen, in dem es so lange „absolute" Zufälle gibt, so lange wir keine

Theorie haben, um die Atomistik der ruhmassenbehafteten Teilchen und das Ladungsquant aus tieferliegenden Gesichtspunkten zu verstehen und quantitativ herzuleiten.

Literatur

[1] Pauli, W.: Handbuch der Physik (Hrsg. Geiger und Scheel). Bd. XXIV, 1, S. 214 f., Berlin 1933.
[2] Schrödinger, E.: Naturwissenschaften **17** (1929) S. 9.
[3] Einstein, A.: Quantentheorie des einatomigen idealen Gases. Zweite Abhandlung 1925, Sitzungsber. der Preuß. Akademie der Wiss., Physikal.-mathem. Klasse, S. 3–14.
[4] De Broglie, Louis: Théses (Edit. Musson & Co), Paris 1924.
[5] Bogoljubow, N.; Tjablikow, S.: Nachr. Akad. Wiss. UdSSR **5** (1946) 10. Iwanenko, D.; Sokolow, A.: Klassische Feldtheorie, Akademie-Verlag, Berlin 1953.
[6] Eisler, R.: Handwörterbuch der Philosophie, Berlin 1913.

6. Newtons „Philosophiae Naturalis Principia Mathematica" und Plancks Elementarkonstanten

Für Friedrich Hund zum 90. Geburtstag

Die Newtonschen Prinzipien erweisen sich zusammen mit den Planckschen Elementarkonstanten als gesichertes Fundament der Physik und der „exakten" Wissenschaften aller Richtungen.

Der Begriffsfundus der Physik ist ausreichend für alle physikalischen, aber auch für weiterreichende Probleme anderer Naturwissenschaften und der Technik. Es zeigt sich, daß die klassische Physik von vornherein so angelegt wurde, daß sie über die Physik der makroskopischen Körper weit hinausgreifen kann.

Die allgemein anerkannte Leistungsfähigkeit der Physik beruht nicht zuletzt auf ihrer Fähigkeit, Begriffe zu prägen, die für Erkenntnisgewinnung und Erkenntnisnutzung effektiv sind, zu deren Bewährungsprozedur die Theoretische Physik erheblich beiträgt. F. Hund hat gezeigt, wie eine Geschichte der Physik durch Aufzeigen der Entwicklung ihres gesicherten Begriffsfundus dargestellt werden kann.

Das Fundament aller dieser erfolgreichen wissenschaftlichen Untersuchungen theoretisch-mathematischer Art sind nach wie vor die Newtonschen Prinzipien, die vor 300 Jahren veröffentlicht wurden. Hinzu kommen weitere Gegebenheiten aus dem Zuständigkeitsbereich der Physik, die als solche – mehr oder weniger kommentarlos – von den Physikern hingenommen werden. Wobei ein Nachdenken über diese nicht vermieden wird, ohne daß jedoch in jedem Fall ein greifbarer Erfolg verzeichnet werden konnte.

Zu solchen Gegebenheiten gehören zweifellos die von Planck 1894 entdeckten Elementarkonstanten, Größen physikalischen Inhalts (nicht mathematischen!), die aber (wie mathematische!) von „nichts abhängen" sollen. Diese fundamentale Idee wurde von Planck bekanntlich zur Ausarbeitung eines allgemeinen von menschlichen Konventionen freien Maßsystems ausgebaut und damals der Akademie vorgelegt. So bestechend diese Idee war, so war sie doch wenige Jahre danach aus verschiedenen Gründen bei Planck und auch bei Einstein in den Hintergrund getreten. Trotzdem wurde mit den Elementarkonstanten weiter operiert, ohne sich groß den Kopf über ihre Natur zu zerbrechen, ähnlich wie es mit mathematischen Größen wie e und π und den ganzen Zahlen gemacht wird, die ja auch „von nichts abhängen".

Obschon Planck bereits 1910 die Elementarkonstanten, wie gesagt, in den Hintergrund treten ließ, wurde mit Erfolg versucht, aus Kombinationen von ihnen auf die Atomdimensionen zu kommen. Am erfolgreichsten hierbei war bekanntlich N. Bohr mit der Berechnung des „Bohrschen Radius" und der Ionisierungsenergie des Wasserstoffatoms.

Planck war zeitlebens, wie auch Einstein, von der universellen Bedeutung der Newtonschen Prinzipien überzeugt. Er schrieb aber in seiner Vorlesung „Über das System der Theoretischen Physik" von 1910, daß es sich bei ihnen wohl um eine Idealisierung des wirklichen Sachverhaltes handelt, da alle realen Abläufe mit Verlusten und Dissipationen behaftet seien, und deshalb die Newtonschen Prinzipien nicht streng gelten könnten. Wir kommen auf diese Einschätzung später noch zurück.

Der Erfolg N. Bohrs brachte den nächsten entscheidenden Schritt. Bohr erkannte die Bedeutung des Planckschen Wirkungsquantums als Quant des Drehimpulses und konnte damit die unverständliche außerordentliche Stabilität der Atome der chemischen Elemente begründen und sie auf die Newtonschen Prinzipien, unter Hinzunahme der Elementarkonstanten h, e und m zurückführen.

50 Jahre nach der Veröffentlichung von Planck von 1910 schrieb Einstein seine autobiografischen Notizen, in denen er aufgrund der in der Zwischzeit gemachten, zum Teil sensationellen Ergebnisse

um die Vorausberechnung fundamentaler Größen aus den Elementarkonstanten von der universellen Gültigkeit der Newtonschen Prinzipien sprechen konnte. Es ist in der Tat immer wieder staunenswert, daß die Beständigkeit der Atome über 10^{10} Jahre als gesichert anzunehmen ist, und daß Elektronen sich als strukturlose punktförmige Teilchen in Dimensionen bis zu 10^{-15} cm erweisen.

Die Persistenz der Elementarkonstanten ist heute für jeden, der Lehrbücher der Physik und insbesondere der Quantentheorie durchblättert, auf der Hand liegend. Mag es sich z. B. um das Buch von Bogoljubov und Sirkov über Quantenfelder (VEB Deutscher Verlag der Wissenschaften, Berlin 1984) handeln oder um den Quanten-Hall-Effekt, überall finden wir die Elementarkonstanten als Kopplungsglieder zwischen der Theorie und der Wirklichkeit des Experiments und der Technik. Die Diskussion über die Bedeutung der Elementarkonstanten für die Physik erhielt immer wieder neue Nahrung durch Bekanntwerden von Vorgängen bis in das technische Geschehen hinein, die unmittelbar auf die Elementarkonstanten führen. Sie wurden seither als Methoden zu ihrer Ermittlung ausprobiert und in die Lehrbücher aufgenommen.

In dieser Reihe darf man wohl die Ergebnisse von H. A. Lorentz zum normalen Zeeman-Effekt an den Anfang stellen. Man muß aber auch F. Hund folgen, daß das Wiensche Verschiebungsgesetz unmittelbar auf die Kombination der Elementarkonstanten h und k führt. Die Reihe dieser makroskopischen Manifestationen der Elementarkonstanten ist lang. Wir werden einige im weiteren behandeln. Hier am Anfang sollen nur zwei besonders spektakuläre erwähnt sein: Der Wechselstrom-Josephson-Effekt und der Quanten-Hall-Effekt.

1910 äußerte Planck in dem oben zitierten Vortrag die Vermutung, daß die Newtonschen Prinzipien eine weit über die Punktmechanik, oder präziser gesagt, über die Mechanik der starren Körper hinausgehende Aussagekraft besitzen, und sprach die Vermutung aus, daß sie auch die Physik des substanzlosen Äthers, die Physik der elektromagnetischen Strahlung umfassen würden. Nach Planck sollten alle Vorgänge, bei denen sich etwas greifbares verändert oder verwandelt, ihnen gehorchen. Sie sollten damit etwa die Bedeutung haben, wie sie die euklidischen Axiome für Fragen der räumlichen Anordnung besitzen. Insbesondere sollten die in sie eingehenden Begriffe ähnlich universell wie die der euklidischen Axiome tragfähig sein.

Plancks 1910 geäußerte Auffassung über die Gültigkeit und zugleich nicht scharfe Gültigkeit der Newtonschen Prinzipien entspricht auffallend der von Einstein in seinem berühmten Festvortrag „Geometrie und Erfahrung“[1]) vertretenen Auffassung über das Wesen der euklidischen Axiome. Einstein sagte bekanntlich in dieser Rede, sofern sie exakt seien, haben sie mit der Wirklichkeit nichts zu tun, sofern sie mit der Wirklichkeit verbunden sind, sind sie nicht exakt. Einstein löste in dieser Rede das Problem des Anschlusses dieser abstrahierten Axiome an die Wirklichkeit durch Einführung eines weiteren Axioms: Maßstäbe verhalten sich wie starre Körper.

Unsere Frage soll sein, gibt es ein Analogon hierzu für die Newtonschen Axiome und was kann das sein?

Wir wollen von einem berühmten Wort von Newton ausgehen: „Hypotheses non fingo“. Diese seine Äußerung bezog sich auf Erforschung der Ursachen der Trägheit, für die seinerzeit von der Royal Society sogar ein Preis ausgeschrieben worden war. Newton wollte ausdrücken, daß die Physik gewisse Gegebenheiten kommentarlos hinnehmen kann, bevor sie auf noch tieferliegende Dinge zurückgeführt werden können, ohne natürlich auf das Nachdenken darüber zu verzichten.

Es ist wohl klar, daß Newton damit die Art des Vorgehens des Physikers angesichts erlebnisnaher Experimente ausdrücken wollte. Seine Behauptungen sind aber physikalisch-inhaltlich genauso „ungewöhnlich“, wie vergleichsweise die von Einstein über die Existenz der Lichtquanten und die von Dirac über Antimaterie.

Newton behauptet (verbale Fassung von uns):

1. Die Koordinaten und die Geschwindigkeiten (Impulse?) können willkürlich vorgegeben werden, können auch zufällig sein.
2. Physikalisch begründet werden muß die zeitliche Änderung des Impulses.
3. Bei jedem realen Ablauf kann die Zeitrichtung auch umgedreht werden.
4. Actio-reactio: Es gibt Kräfte zwischen substantiellen Körpern, die instantan wirken.
5. Alle Wechselwirkungskräfte sind additiv; sie kennen keine Vorgeschichte und hinterlassen keine Spur.
6. Die substantiellen Körper haben eine Trägheit, die kosmisch bedingt ist (jederzeit und jedermann vorführbar durch den Eimer-Versuch).

---

[1]) A. Einstein, Geometrie und Erfahrung. Sitzungsber. der Preuß. Akademie der Wissenschaften 1921, S. 123—130.

7. Die Kräfte zwischen substantiellen Körpern sind eine universelle Attraktion, die verlustfrei ist und nicht abgeschirmt werden kann.
8. Wesentlich ist ein mathematischer Kalkül, der sich der Problemstellung anpassen läßt.

Die Annahmen Newtons stellen selbstverständlich eine Simplifizierung der Wirklichkeit dar, worauf z. B. Eddington mehrfach hingewiesen hat. Allein aus dem Punkt 7 sieht man die Problematik. Wenn es nur Attraktionen gibt, kann ein Kollaps schwerlich verhindert werden. Es sei denn, es kommt etwas Neues dazu, z. B. die Existenz des Drehimpulsquantes „h". (Damit wird allerdings der Punkt 1 in Frage gestellt, und es sind nur die Werte der Koordinaten und Geschwindigkeiten zugelassen, für die die Quantenbedingung gilt: $p \cdot q = n \cdot h$.)

Plancks Äußerung von 1910, alles in der Wirklichkeit sei mit Dissipation behaftet, läßt interessanterweise außer Betracht, daß die Chemie seit Jahrhunderten die Beständigkeit der chemischen Elemente als feststehend angesehen hat. Gold soll zu allen Zeiten Gold sein, ob es sich um rezent gewonnenes oder ausgegrabenes antikes Gold handelt. Mindestens seit über 5000 Jahren ist das Element Gold immer dasselbe. Aber weder Planck noch andere der großen Physiker haben sich offenbar damals für Aussagen der Chemie zuständig betrachtet.

Eine grundsätzliche Änderung dieser Haltung trat, wie oben gesagt, erst nach dem ersten Weltkrieg ein, mit dem breiten Bekanntwerden der Thesen von N. Bohr, in denen er die (zeitlich unbegrenzte) Stabilität des Grundzustandes des Wasserstoffatoms — und damit natürlich auch aller anderen Elemente — auf die Existenz eines Quantums, des Drehimpulses „h" zurückführt. (Wobei er neben dem von Planck gefundenen skalaren Wert des Wirkungsquantums „h" auch auf seine vektorielle Eigenschaft hingewiesen hat, zugleich Drehimpulsquant zu sein.)

Damit trat aber etwas ganz Neuartiges ein: Die Reversibilität der Zeit konnte, da der Grundzustand des Wasserstoffatoms nun keine Dissipation aufwies, voll garantiert werden. Nur das erste Prinzip von Newton, daß man Koordinaten „q" und Impulse „p" frei wählen könne, war zu ergänzen durch die Bohr-Plancksche Quantenbeziehung, daß die Wahl für stabile Zustände so getroffen werden müßte, daß $p \cdot q = n \cdot h$ zu sein hätten. Wenn man zu den Newtonschen Postulaten die Existenz des Drehimpulsquants dazunimmt, gelten sie zumindest in diesem Bezug als streng.

Wie bereits angedeutet, sind die Elementarkonstanten bemerkenswerterweise zutage getreten bei der Betrachtung von Geschehnissen in makroskopischen Einrichtungen, in technischen Apparaten und Geräten. Für solche gelten nach Bohr die klassische Physik und damit rigoros die Newtonschen Prinzipien und ihr Begriffsfundus wie Energie, Impuls, Wirkung, Erhaltungssätze, Drehimpuls, Wellenlänge, Frequenz, Geschwindigkeit. Der Begriff Elementarkonstanten setzt, wie man sieht, die Newtonschen Prinzipien und ihren Begriffsfundus voraus.

Im einzelnen kann man als Beispiele anführen:

1. Die Spektralverteilung der Hohlraumstrahlung. Sie wird ermittelt an einem komplizierten technischen Gerät, dem „Schwarzen Körper", das es in der Natur nicht gibt, und liefert die bekannte Formel

$$\varrho(\nu) = \frac{8\pi h\nu^3}{c^3} \cdot \frac{1}{\exp(h\nu/kT) - 1},$$

   in der drei Elementarkonstanten h, c und k vorkommen. Außerdem gehört noch das „Plancksche Kohlestäubchen" dazu, das die Kopplung der verschiedenen Wellenlängen sichert. Daß man auf die Konstante „h" aus dem Wienschen Verschiebungsgesetz kommt, hat, wie oben gesagt, F. Hund gezeigt.
2. Anordnungen, bei denen die Beziehung $h\nu = eV$ direkt elektrisch gemessen werden kann, z. B. die Anordnung von Franck und Hertz, die ja eine Wehnelt-Triode mit Gasfüllung ist, oder der Josephson-Kontakt zweier Supraleiter, oder der Quanten-Hall-Effekt eines zweidimensionalen Elektronengases eines Halbleiter-Bauelements, liefern Kombinationen von h und e.

   Alles das sind technisch hergestellte makroskopische Situationen, die es in dieser Form in der Natur nicht gibt.
3. Der Elektronen-Spin und der g-Faktor des Elektrons treten auf etwa an Alkali-Atomen bei einer Stern-Gerlach-Anordnung im inhomogenen Magnetfeld oder bei Atomstrahlversuchen nach Rabi. (Wie Bohr gezeigt hat, liefert dieser Versuch aber mit Elektronen kein Resultat wegen der kleineren Elektronenmasse.)

Diese Beispiele zeigen, daß genau entsprechend der Auffassung von N. Bohr die Versuchsanlage die Verbindung der makroskopischen Messung mit dem mikroskopischen Geschehen herstellt, und daß dabei die Elementarkonstanten die Verbindung zur Theorie herstellen. Man sieht daraus, ohne die Newtonschen Prinzipien gibt es kein Verstehen der Messung und kein Verstehen des atomaren Geschehens. Die Elementarkonstanten sind außerhalb dieses Rahmens auch nicht zu verstehen.

Wenn es wirklich Elementarkonstanten gibt, dann sind, wie oben gesagt, keineswegs alle Ausgangslagen willkürlich wählbar, sondern nur solche, bei denen die Elementarkonstanten aus der Newtonschen Dynamik eine einschneidende Auswahl treffen. Das ist aber der Grund der Existenz von „elastischen Stößen", „Supraleitung", „Josephson-Effekt".

Die Elementarkonstanten sind also Größen, die angewiesen sind auf Begriffe der Newtonschen Prinzipien. Erhaltungssätze für Energie, Impuls, Drehimpuls sind obligatorisch. Bemerkenswert ist natürlich, daß man mit Erfolg mit ihnen auch im virtuellen Bereich, d. h. im Bereich der Unschärfe infolge der Heisenbergschen Relation, operiert, und so den Resultaten für den virtuellen Bereich die Glaubwürdigkeit der Ereignisse im wirklichen Bereich zuschreibt. Da aber die Elementarkonstanten selbst aus Experimenten gewonnen werden, für die entsprechend der Bohrschen Vorschrift die volle Beschreibbarkeit im Rahmen der klassischen Physik ihnen denselben Grad der Wirklichkeit zuschreibt wie dem Meßgerät und der Messung selbst, ist an der Zulässigkeit dieses Verfahrens kaum zu zweifeln. Es ist demnach zweifellos zulässig zu sagen, daß die Newtonschen Prinzipien, ergänzt durch die Planckschen Elementarkonstanten, denselben Grad der Exaktheit erwerben, wie sie die Stabilität der Atome eines Elements besitzt.

Bemerkenswerterweise zeigt es sich bei diesen Betrachtungen einmal mehr, daß die klassische Physik, die eine Aussage über die Wirklichkeit, so wie sie ist, darstellt, durch diese Wirklichkeitsnähe so angelegt worden ist, daß sie wesentliche Züge der Quantenphysik mit umfaßt. Es lohnt sich wohl auf dieses noch einmal hinzuweisen.

Wir erleben heute ein wachsendes Verständnis für die Einheit der Physik. An dieser hat die klassische Physik und der von ihr geschaffene Begriffsfundus entscheidenden Anteil. Sie ist nach wie vor, wie N. Bohr es vor 60 Jahren gesagt hat, unser bedeutendstes, verständlichstes Kommunikationsmittel für Probleme, die in die Kategorie der „exakten Wissenschaften" fallen.

Die Verständlichkeit der klassischen Physik ist erleichtert durch die Tatsache, daß die Mehrzahl der Begriffe, mit denen sie operiert, zwar abstrakten Charakter hat, jedoch noch genügend Beziehung zu ihrem Ursprung im Alltagsleben der Menschen besitzt, so daß ihre Anschaulichkeit gewährleistet ist. Dies hatte aber auch den

Nachteil, daß die Bedeutung begrifflicher Fixierung für die Entwicklung der Theorie gegenüber der mathematischen Fixierung der erkannten Gesetzmäßigkeiten unterschätzt wurde. Diese Schwäche macht sich um so mehr bemerkbar, je tiefer die Forschung von der Oberfläche der Erscheinungen in das Wesen der Dinge eindringt und zum dialektischen Kern des Materiebegriffs vordringt.[1])

Einen außerordentlich instruktiven Beitrag hierzu verdanken wir F. Hund.

Friedrich Hund hatte in seinem klassischen Werk „Materie als Feld" 1954 sowohl das klassische anschauliche Wellenbild der Materie als auch die Quantenfeldtheorie grundsätzlich diskutiert. Als Hund sein Buch schrieb, konnte er nur die Hoffnung aussprechen, daß Diracs Konzeption der Anti-Materie universell gültig ist. Dies wurde erst einige Jahre später bestätigt. Zur selben Zeit galten die Weylschen Spinor-Gleichungen als physikalisch undiskutabel, weil sie die C-Invarianz verletzten. Aber die Symmetrie der Weylschen Gleichungen als denkbare Wellengleichungen für ruhmasselose Materiefelder hat Hund seiner Herleitung der Diracschen Bi-Spinor-Wellengleichungen zugrunde gelegt.

Hund führte aus, daß die Weylschen Spinoren im Gegensatz zu den Diracschen Bi-Spinoren nur Felder ohne Ruhmasse gestatten. Wenige Jahre nach Hunds Buch entdeckten Lee, Yang und Wu die Brechung der C-Invarianz bei den schwachen Wechselwirkungen und rehabilitierten damit die Weylschen Gleichungen als Materie-Wellengleichungen für ruhmasselose Fermionen, wie es Hund bereits im Kapitel VIII seines Buches dargelegt hatte.

F. Hund hat auch in seinen wissenschaftshistorischen und -methodologischen Darstellungen der Geschichte der Quantentheorie besonders hervorgehoben, daß das Wellenbild der Materie historisch als Theorie der „ruhmasselosen Teilchen" entstanden ist, während umgekehrt für Partikeln mit Ruhmasse die Newtonschen Bewegungsgleichungen genuin waren.

Im Rahmen der speziell-relativistischen Quantenmechanik sind, wie es Hund in mehreren Kapiteln seines Buches darstellte, beide Bilder im Sinne von Bohr komplementär, und ihre mathematische Äquivalenz wurde auf Grund der Existenz der Planckschen Konstante h von Schrödinger und Heisenberg bewiesen. Aber Einsteins Frage „Feldtheorie oder Quantentheorie" wird durch Hunds historische Bemerkungen unterstrichen. Hund hebt

---

[1]) Klaus Fuchs, Bemerkungen zum „Memorandum Physik 86".

als die besondere Leistung von Schrödinger hervor, daß dieser von dem de-Broglieschen „Relativistischen anschaulichen Feldbild der Materie" zum „Vorrelativistischen anschaulichen Wellenbild der Materie" gekommen ist und damit die Wellenmechanik von der Relativitätstheorie abgekoppelt hatte. Aber dies gelingt nur im Rahmen des Einteilchen-Problems. Die anschauliche Synthese von Wellen- und Partikel-Mechanik ist entsprechend Diracs Sentenz, „Jede Partikel interferiert mit sich selbst und nur mit sich selbst", zunächst nur auf das Einteilchen-Problem beschränkt.

Die Schrödinger-Gleichung des N-Teilchen-Problems ist eine lineare Gleichung, die im Konfigurationsraum V_{3N} (beim nicht-relativistischen Problem, oder allgemeiner im Hilbert-Fock-Raum) definiert ist. Man kann „alle möglichen Zustände der Welt" ab initio aus einer Schrödinger-Gleichung herleiten.

In der nicht-relativistischen (und auch relativistischen) Physik — ultra-relativistische Probleme ausgenommen — gibt es nichts, was nicht mit der Schrödinger-Gleichung beschrieben werden kann, aber die Interpretation der Schrödinger-Funktionen Φ wird zum Hauptproblem der theoretischen Physik. (Wir verweisen hier auf die Ausführungen von F. Hund.)

Eine physikalische Theorie ist immer eine Theorie der Wechselwirkungen zwischen mehreren Teilchen, und solche Wechselwirkungen besagen eine Nichtlinearität der Bewegungsgleichungen, die im Feldbild entweder eine Nichtlinearität der Feldgleichungen selbst, oder die Existenz von ebenfalls nichtlinearen Kopplungstermen voraussetzt (siehe F. Hund, Kapitel X).

Der Übergang von der Punktmechanik zur Kontinuumsmechanik, d. h. also derjenige von den Newtonschen totalen zu den Eulerschen partiellen Bewegungsgleichungen, führt zur Nichtlinearität. Hingegen setzen die Feldtheorien von Maxwell, Schrödinger und Dirac die Linearität der Feldgleichungen voraus.

Alle relativistischen Quantenfeldtheorien für Teilchen mit Ruhmasse enthalten einen Masseterm ad hoc, die reziproke Compton-Wellenlänge mc/h. Die Feldtheorien der weitreichenden Wechselwirkungen schließen solche Masseterme aus: bei der Maxwellschen Elektrodynamik auf Grund der Eich-Invarianz, in Einsteins allgemein-relativistischer Gravitationstheorie wegen der geometrischen Bedeutung des Gravitationspotentials und in der Weylschen Neutrino-Gleichung wegen des CPT-Theorems. Alle genuinen einheitlichen Feldtheorien führen auf Felder, deren Quanten ruhmasselos sind. Für solche Felder war Einsteins Schluß auf die Existenz von Photonen hodogetisch. Der umgekehrte Schluß bei de Broglie, Heisenberg, Schrödinger und Dirac war, daß zu dem Feld ein Quantum gehört, wobei dieses Quantum im allgemeinen eine Ruhmasse besitzt und somit feldtheoretisch Nahwirkungen beschreibt.

Das Partikel-Bild ist dem Feld-Bild des Komplementaritätsprinzips und der Heisenberg-Schrödingerschen Äquivalenz mit dem Aspekt „Materie als Feld" mathematisch kompatibel, gibt aber keine Auskunft über die eventuellen Massespektren.

Eine konsequente Feldtheorie enthält (außerhalb der Möglichkeiten einer allgemein-relativistischen Quantenfeldtheorie) keinen Ruhmasse-Term. Deswegen beschreiben nicht nur die auf der Maxwellschen Elektrodynamik oder auf der Allgemeinen Relativitätstheorie aufbauenden einheitlichen Feldtheorien nur Teilchen ohne Ruhmasse, sondern dies ist auch der Fall bei den Feldtheorien, die auf Verallgemeinerungen der Weylschen Gleichung beruhen.

Heisenbergs Spinor-Feldgleichungen beschreiben auf Grund ihres nichtlinearen Terms die Selbst-Wechselwirkung der Materie im Sinne von Hunds Text. Aber das Ergebnis sind immer Teilchen ohne Ruhmasse. Es sei denn, man führt eine á-priori-Brechung aller Prinzipien durch einen vorgegebenen Grundzustand des Universums ein.

Geht man (wie es Hund ausgeführt hatte) von der Quantentheorie der Mechanismen und damit vom Heisenberg-Bild der Newtonschen Prinzipien aus, so wird man notwendig zu einer Quantentheorie von Teilchen mit Ruhmasse gelangen, während eine verschwindende Ruhmasse zur Infrarot-Katastrophe führt. Der reine Feldaspekt der Materie verlangt hingegen einheitliche Feldgleichungen vom Einsteinschen oder Heisenbergschen Typ, und hier steht die Frage der Einimpfung der Ruhmasse.

Sowohl Einstein als auch Heisenberg beriefen sich hier auf eine á priori vorgegebene Asymmetrie des „Grundzustandes der Welt" (d. h. auf eine gegebene Globalstruktur des kosmischen Raumes) oder auf ein „anisotropes Vacuum". Jedenfalls soll die Ruhmasse kosmisch induziert sein, wie es ja bereits in der klassischen Physik das Huygens-Machsche Prinzip und die Einstein-Doktrin nahelegen, mit Berufung auf Newtons Eimer-Versuch und auf das Foucaultsche Pendel.

Anhang

A 1. *Zur Geschichte der Berliner Akademie der Wissenschaften* Mathematik – Mechanik – Physik von Hans-Jürgen Treder

Seit der Gründung der Akademie war ihre internationale Stellung aufs engste mit der Tätigkeit großer Mathematiker verbunden. Diese Mathematiker umfaßten in ihrer Person sowohl die reine Mathematik als auch dasjenige, was man jetzt theoretische und mathematische Physik nennt.

Im 18. und bei Beginn des 19. Jahrhunderts waren im Sinne von Newtons Prinzipien die mathematische Physik und theoretische Mechanik faktisch äquivalent.

Große Fragestellungen der reinen Mathematik, in Sonderheit diejenigen der Analysis und der Geometrie, entstanden aus Aufgabenstellungen der theoretischen Mechanik. Newton hatte seine Formulierung der Infinitesimalrechnung abgeleitet aus der Fragestellung mit aus der Mechanik herkommenden Begriffsbildungen (Fluxionsrechnung). Aber auch die mehr logisch undk ombinatorisch begründete Darstellung des Infinitesimalkalküls wurde von Leibniz besonders auf theoretisch-physikalische Probleme bezogen.

Die Geschichte der theoretischen Physik in Berlin — und damit auch ein Teil der Geschichte der Mathematik — ist mit einem Problemkreis verbunden, der auf Leibniz zurückgeht, und den dann Maupertuis, Euler, Lagrange, Jacobi, Helmholtz, Planck und Einstein als ein zentrales Prinzip der Mechanik und theoretischen Physik formuliert haben: das Prinzip der kleinsten Wirkung. Mit diesem aus der Mechanik abgeleiteten Prinzip begannen aber auch große Gebiete der Analysis und der Topologie mathematisch behandelbar zu werden.

Die beiden großen Direktoren der mathematischen Klasse der Berliner Akademie im 18. Jahrhundert, L. Euler und J.-L. Lagrange, verbanden in ihrer Forschungsarbeit Probleme der Mechanik und mathematischen Physik mit Problemen der Arithmetik und Algebra. Eine für die heutige Mathematik charakteristische Fragestellung, das Problem der Lösungsverzweigungen und des „mathematischen Chaos“, führt letztendlich auf Eulers Entdeckung zurück, daß die Newtonschen Prinzipien der Mechanik, auf Kontinua angewandt, zu nichtlinearen partiellen Differentialgleichungen führen. Die Untersuchung dieser Eulerschen Gleichungen erfolgte

u. a. durch Lagrange, aber ebenso auch durch B. Riemann und H. Helmholtz. Riemann und Helmholtz waren von Haus aus Naturforscher, die sich später ganz oder teilweise der reinen Mathematik zuwandten.

Lagranges analytische Mechanik war nicht nur der Anstoß seiner Neubegründung der Infinitesimalrechnung, sondern führte auch zu der großen Erweiterung des Raumbegriffes, der Entdeckung des Konfigurationsraumes, den später H. Hertz für die klassische Mechanik und dann E. Schrödinger für die Quantenmechanik als entscheidende Erweiterung des physikalischen Realitätsbegriffes erkannten. Der große Meister der Euler-Lagrange-Tradition in Berlin war um 1840 C. Jacobi, der als Zahlentheoretiker und Algebraiker genauso bedeutsam war wie als Analytiker und Mechaniker. Die Hamilton-Jacobischen Differentialgleichungen der Mechanik gehören auch in der Relativitäts- und Quantentheorie (und damit auch in allen Bereichen der heutigen mathematischen Physik) zu den mathematischen Grundstrukturen. Ihre Begründung beruht auf den Analogien zwischen physikalischer Optik und Mechanik, die Hamilton und Jacobi aufgezeigt hatten, und die E. Schrödinger später in die Wellenmechanik übernahm.

Es ist übrigens interessant zu bemerken, daß auch in abstrakteren Gebieten der Funktionentheorie beispielsweise der Begriff der Riemannschen Fläche von Riemann auf Grund der Problemstellungen der Elektrodynamik aufgefunden wurde. Prinzipielle Erweiterungen der Theorien der partiellen Differential- und der Integralgleichungen gehen ebenso sowohl auf mechanische und optische als auch auf elektrodynamische Fragestellungen zurück („Partielle Differentialgleichungen der Mathematischen Physik"). Mit der Berliner Akademie sind hier vor allem die Helmholtzschen Schwingungsgleichungen und die Kirchhoffsche Formulierung des Huygensschen Prinzips verbunden.

Die Verbindung zwischen Physik und Geometrie einerseits und reiner Mathematik andererseits wurde vor allem in Göttingen seit C. F. Gauss, Lejeune-Dirichlet und B. Riemann weiter verfolgt. Gauss hat selbst „reinste" algebraische und zahlentheoretische Sätze aus Fragestellungen der Mechanik, Hydrodynamik und der entstehenden Elektrodynamik hergeleitet. Die Gausssche Flächentheorie, die für Physik und Mathematik gleich fundamental wurde, entstand bekanntlich aus „angewandten" Problemen der Geodäsie. Dirichlet kam aus Berlin, wo er Nachfolger Jacobis gewesen war, und wurde in Göttingen Nachfolger von Gauss.

Von der theoretischen Mechanik und der physikalischen Optik

angeregt, wurden im 19. Jahrhundert auch neue algebraische Strukturen entdeckt. Hamiltons Quaternionen-Algebra entstand aus der Frage der holonomen Darstellung von Drehbewegungen. Helmholtz zeigte in seiner „Einleitung zur Vorlesung der theoretischen Physik“ die Beziehungen zwischen solchen „hyperkomplexen Zahlen“ und den „extensiven Größen“ auf und bemerkte den Zusammenhang dieser Fragestellung mit dem Problem der „verborgenen (zyklischen) Parameter“. Diese Vorstellung entwickelte Helmholtzens Meister-Schüler H. Hertz zu seiner Konzeption der Anholonomität.

Die extensiven bzw. hyperkomplexen Algebren wurden dann ihrerseits bei der Begründung der Quantenmechanik als entscheidende Erweiterung der physikalischen Begriffsbildung übernommen: als Matrizen-Mechanik bei M. Born und W. Heisenberg und als Quaternionen-Mechanik bei P. A. M. Dirac.

Die in der zweiten Hälfte des 19. Jahrhunderts möglich gewordene Entkopplung von theoretischen Naturwissenschaften und Mathematik wurde in Berlin m. E. radikaler vollzogen als in Göttingen. Obwohl K. Weierstrass und L. Kronecker intime Feinde waren, vertraten sie jedoch beide den Standpunkt, daß Mathematik und theoretische Physik nicht notwendig miteinander etwas zu tun haben sollten. Dabei ist es interessant, daß Kronecker mit Helmholtz noch besser stand als mit Weierstrass.

Entscheidende Impulse für die Entwicklung der Mathematik in Berlin ergaben sich aber doch wieder auch durch Rezeptionen der Denkweisen der Göttinger mathematischen Schule, wie sie durch F. Klein und D. Hilbert geprägt wurden. K. Carathéodory und E. Schmidt sind hervorragende Repräsentanten dafür. Die Arbeiten beider Mathematiker bezogen sich in wichtigen Teilen auf mathematisch-physikalische Fragestellungen und haben andererseits die mathematische Physik und theoretische Mechanik wesentlich gefördert.

Von D. Hilbert stammen zwei Aussprüche:

1. Die Mathematik muß die Physik in Ordnung bringen.
2. Die Kultur der Mathematik kommt von der theoretischen Physik.

Dies ist u. E. auch die Auffassung, die sowohl Euler, Lagrange und Jacobi als auch Helmholtz, Planck und Einstein vertreten haben.

Mächtigen mathematischen Hilfsmitteln für die Mechanik und Physik (u. a. seien hier besonders die Begriffe des Riemannschen, Hilbertschen und Banach-Raumes genannt) verdanken wir mathematische Fragestellungen. Aber diese „reine Mathematik" war wieder durch Problemstellungen der theoretischen Mechanik und Physik angeregt. Es sei daran erinnert, daß nach Kleins und Hilberts Urteil die Geometrie als mathematische Disziplin nach Euklid am meisten Albert Einstein verdankt. Hilbert erklärte ja die Geometrie genau wie die Mechanik (und auch die Wahrscheinlichkeitstheorie) sogar als ein Teil der Physik.

Bei der Neugründung der Akademie 1946 wurde sofort ein „Forschungsinstitut für Mathematik" mitbegründet. Die prägende Persönlichkeit in diesem Institut war natürlich Erhard Schmidt. Aber dem Direktorium dieses Instituts gehörten auch der Zahlentheoretiker Helmut Hasse und der Mechaniker Georg Hamel an. Die spätere Entwicklung führte zu einer Zweiteilung des mathematischen Forschungsinstituts in ein „Institut für reine Mathematik" und in ein „Institut für angewandte Mathematik und Mechanik". Das erstgenannte Institut wurde nach E. Schmidt auch von H. Hasse und später von dem Algebraiker Heinrich Grell geformt. Das zweitgenannte Institut leitete Kurt Schröder, der Mechanik, Analysis und angewandte Mathematik gleichrangig behandelte. Durch die damals bestehende personelle Einheit zwischen der Mathematik an der Humboldt-Universität und an der Akademie der Wissenschaften stellten sich die Berliner mathematischen Institute wieder in die klassische Tradition.

Starke Impulse sowohl für Probleme der angewandten Mathematik als auch für die Analysis kommen — außerhalb des mathematischen Forschungsinstitutes — durch die Arbeiten von Hans Ertel, dessen „Wirbeltheoreme" direkt bei Helmholtz anschließen. „Gerlands Beiträge zur Geophysik" enthielten unter Ertels Leitung auch immer bedeutende Beiträge zur theoretischen Mechanik.

Die mathematischen Institute der Akademie trugen damals die Verantwortung für 3 mathematische Zeitschriften, die auch heute noch florieren und jede in ihrer Art als international führendes Journal angesehen werden können: die Zeitschrift „Mathematische Nachrichten" (mit dem Schwerpunkt reine Mathematik) und die von Karl Schröter initiierte „Zeitschrift für mathematische Logik und Grundlagen der Mathematik". Und unter gemeinsamer Verantwortung unserer mathematischen Institute erschien das Referateorgan „Mathematisches Zentralblatt". (Letzteres ist leider von uns aufgehoben worden und erscheint jetzt nur noch unter Redaktion der Heidelberger Akademie im Springer-Verlag Berlin/Heidelberg/New York.)

Aus den mathematischen Instituten der Akademie sind in der Schule bedeutender Mathematiker eine Vielzahl ausgezeichneter Logiker, Algebraiker, Zahlentheoretiker, Analytiker usw. hervorgegangen, die auch die internationalen Beziehungen weiter pflegen. Eine Anzahl von diesen sind jetzt Mitglieder unserer Akademie. Ich möchte darauf hinweisen, daß zu diesen Kollegen viele gehören, die seinerzeit an dem (sehr bemerkenswerten) „Mathematischen Wörterbuch" von Herman Ludwig Schmid und Josef Naas mitgearbeitet haben.

Die von den mathematischen Instituten der Akademie getragenen wissenschaftlichen Veranstaltungen zu Ehren von Einstein, Gauss, Riemann und Weierstrass waren Höhepunkte des wissenschaftlichen Lebens, die durch den Besuch großer Logiker, Mathematiker und Mechaniker ausgezeichnet wurden. Aber auch theoretisch-physikalische Symposien (zu Ehren von Planck und Einstein) wurden von Mathematikern besucht, die in ihren Beiträgen die Bedeutung der Beziehung zwischen Mathematik und theoretischen Naturwissenschaften unterstrichen.

A 2. Aspekte gesellschaftlicher Wirksamkeit der Wissenschaft

von Robert Rompe

M. S. Gorbatschow sagte auf dem XXVII. Parteitag der KPdSU (Abschnitt I. Die Welt von heute): „In der Verbindung des Wettbewerbs, des Wettstreits zwischen beiden Systemen und der erstarkenden Tendenz zur wechselseitigen Abhängigkeit der Staaten der Weltgemeinschaft kommt die reale Dialektik der gegenwärtigen Entwicklung zum Ausdruck. Gerade auf diese Weise — durch den Kampf der Gegensätze, mit Schwierigkeiten, gleichsam vorantastend — ***bildet sich eine widersprüchliche, aber in vielen wechselseitigen Abhängigkeiten zusammengehörige, in hohem Maße ganzheitliche Welt heraus.***"

An dieser Entwicklung hat die zunehmende gesellschaftliche Wirksamkeit der Wissenschaft eine beträchtlichen Anteil, indem sie imstande ist — im Weltmaßstab! — neue Möglichkeiten der Entfaltung sinnvoller Bedürfnisse der Menschen aufzuzeigen und — zunächst mehr lokal — auch die Möglichkeiten zu ihrer Befriedigung zu schaffen. Sie wird dadurch ein potentieller Faktor der Menschheitsentwicklung. Was ist demnach unter gesellschaftlicher Wirksamkeit zu verstehen?

1. Der Sinn ergibt sich aus Lenins Formel: Kommunismus = Sowjetmacht + Elektrifizierung des ganzen Landes. Es wird *nicht* gesagt, Sowjetmacht + Wissenschaft, sondern gesellschaftlich realisierte Ergebnisse der Wissenschaft; 1920 war es in erster Linie die Elektrifizierung.

Es handelt sich (nur) um die gesellschaftlich realisierten Ergebnisse der Wissenschaft. Es gibt alle möglichen Ergebnisse der Wissenschaft, die zwar zutreffend sein können, aber gesellschaftlich außer in der ideellen Sphäre nichts bedeuten.

Für die gesellschaftliche Realisierung der Ergebnisse der Wissenschaft ist die Sphäre der Technologie zuständig, die selbst immer stärker mit Bestandteilen der Wissenschaft gesättigt wird und deren Aufwendigkeit wesentlich größer ist als die für die Gewinnung der Erkenntnisse der Wissenschaft an sich. Ohne Technik läuft die Wissenschaft im Leerlauf; ohne Wissenschaft läuft aber die Technik in alten Gleisen mit Verschleiß.

Andererseits ist der Reproduktionsprozeß der Wissenschaft auch aufwendig und wird etwa proportional zum Wachstum der gesellschaftlichen Wirksamkeit größer. Er umfaßt auch gesellschaftlich nicht genutzte Ergebnisse. Zur Reproduktion gehören: Lehrerbildung, Einheit von Forschung und Lehre an Universitäten und Hochschulen, postgraduale disziplinäre und interdisziplinäre Weiterbildung, Freizeitbetätigung in der Wissenschaft, Popularisierung der Wissenschaft auf verschiedenstem Niveau, Museen, Ausstellungen.

Zu Zeiten, als die Physikalisch-Technische Reichsanstalt gegründet wurde, vor ca. 100 Jahren, nahm man an, daß sich in der Physik 95% der Wissenschaft in ihrer Selbstreproduktionssphäre abspielen. Heute werden das in der DDR immerhin noch 60 bis 70% sein.

Die Einheit von Forschung und Lehre ist ein wesentlicher Teil des permanenten Überprüfungsprozesses, der die Erkenntnisfindung begleiten muß, um ihre Brauchbarkeit für die Praxis auszuweisen. Lehre ist nicht nur Weitergabe, sondern auch Teil eines kritischen Dialoges, der sich bei gesellschaftlicher Nutzung auf den größeren Kreis der Betreiber der Produkte ausdehnt.

Die erwünschte „technische Reife" der Produkte — ein entscheidender Faktor im Kampf um vorteilhafte Positionen auf dem Weltmarkt — wird nicht allein „am Reißbrett" entschieden, sondern entspringt dem durchdachten Dialog zwischen Produzent und Abnehmer, wobei erfahrungsgemäß die „Kunden" aus dem eigenen Haus, d. h. aus dem Kreis der Mitarbeiter, besonders wertvoll sind, wegen der Kürze des Informationsrücklaufes.

Die Lehre jedoch darf nicht zu eng gesehen werden. Die moderne Technik entfaltet sich auf dem Hintergrund einer allgemeinen Kultur, deren Existenz lebenswichtig ist für die Herstellung der Produkte mit einem angemessenen gesellschaftlichen Aufwand und vor allem für den sinnvollen Einsatz und Gebrauch derselben. Hierbei ist eine empirisch-intuitive Beherrschung bekanntlich der erste Schritt zur wissenschaftlichen Durchdringung, vor allem, weil es sich bei den komplizierten Systemen wie Autos, Flugzeugen, Kernkraftwerken, Anlagen der Kommunikations- und Informationstechnik um Gebilde handelt, die erfolgreich „gefahren“ werden können, ohne daß man im einzelnen den Mechanismus ihrer Funktion zu kennen braucht.

Diese Zusammenhänge erfordern ein angemessenes Wissenschaftsverständnis. Wesentlich ist eine Beherrschung aller Komponenten der wissenschaftlichen und technologischen Beiträge, vor allem bei unterschiedlicher wissenschaftlicher Vertiefung und technologischer Leistungsfähigkeit der Hersteller. Hierbei müssen sich moderne und alte Technologien sinnvoll ergänzen, um den gesellschaftlichen Aufwand dem Effekt entsprechend angemessen zu halten. Ein solches Wissenschaftsverständnis setzt eine Berücksichtigung im gesamten Reproduktionsprozeß der Wissenschaft voraus, beginnend mit der Allgemeinbildenden Schule und endend in der beruflichen Weiterqualifizierung im Prozeß der aktiven Arbeitstätigkeit.

Wenn man sich an die klassische Darlegung von Helmholtz über die Beziehung von Alltagsdenken und wissenschaftlichem Denken erinnert, versteht man, wie wesentlich die Heranführung bereits der Kinder in der Allgemeinbildenden Schule an diese Problematik ist. Da ein großer Teil der Technologie sich weiterhin auf der Basis des Alltagsdenkens und seiner durchaus leistungsfähigen Methode des „Probierens und Nachsehens“ beruht, muß versucht werden, keinen Gegensatz zwischen Alltagsdenken und wissenschaftlichem Denken aufkommen zu lassen. Dieser ist ja ein Produkt der Ausbeutergesellschaft und die Methode eines Teils der privilegierten, mit höherer Ausbildung ausgestatteten Personen, sich von den Nichtprivilegierten abzugrenzen.

Nach Brechung des Bildungsmonopols muß dieser Gegensatz überwunden werden. Denn die Entfremdung der gebildeten Schichten von der Technologie hat zur Erscheinung der Hilf- und Verständnislosigkeit gegenüber der Technik und der Wirtschaft geführt, die die Entwicklung der materiellen Produktion nicht gefördert hat. Es ist bemerkenswert, daß die technologischen

Fortschritte der USA gegenüber Europa im 19. Jahrhundert zweifellos auf einer Vorurteilslosigkeit beruht haben, die es ermöglicht hat, den Produktionsprozeß als Ganzes zu sehen und zu bewerten.

Das Problem des angemessenen Verständnisses für die komplexe Beziehung zwischen verschiedensten Teildisziplinen mit unterschiedlichstem Vertiefungsgrad, die alle zusammen als bedeutungsvoll für die Lösung einer modernen technischen Aufgabe sind, erfordert eine permanente Beschäftigung mit der Problematik des erforderlichen Aufwandes für die Erzielung eines hinreichenden wissenschaftlich-technischen Niveaus der Kooperationsbeiträge. Für die Erreichung dieser Ziele ist es deshalb unumgänglich notwendig, ausreichend angemessene Lehr- und Unterrichtsmittel bereitzustellen. Insbesondere gilt das für die Gewinnung solcher Unterlagen, die als Ausgangspunkt für konstruktive Lösungen technischer Probleme herangezogen werden können.

Bereits vor dem zweiten Weltkrieg wurde die Relation des Aufwandes des gesellschaftlichen Effektes zu dem für die Erzielung der einzelnen wissenschaftlichen Erkenntnisse auf 3 bis 4 zu 1 geschätzt. Heute ist sie sicher noch größer. Schon daraus resultiert die Notwendigkeit, die Mehrzahl der vorhandenen Wissenschaftler in dem — im Sinne der hier vorgetragenen Gedanken — erweiterten Reproduktionsprozeß der Wissenschaft zu beschäftigen und diese Tätigkeit als unumgänglich notwendig anzuerkennen. Wenn 20 bis 25% unmittelbar an die Produktion gebunden bleiben, ist das wohl durchaus ausreichend. Dieser Anteil hängt natürlich mit den Möglichkeiten der internationalen Kooperation der Nutzung des Weltfundus engstens zusammen.

2. Der Optimismus der Aussage Lenins ist klar: Der gesellschaftliche Fortschritt ist wissenschaftlich gesichert. Er ist aber auch lebensnotwendig, um die Menschheit vor den negativen Seiten des technischen Fortschritts zu bewahren. Denn der Sozialismus ist nicht allein auf dieser Welt. In den nichtsozialistischen Ländern wird auch wissenschaftlich gearbeitet, und die Ergebnisse werden im Sinne der dort herrschenden Gesellschaftsordnung genutzt, d. h. überwiegend für steigenden Profit und Ausbeutung. Und das schon sehr lange, lange vor 1917.

Das muß man wissen und damit rechnen: Unsere moderne Technik wurde im Kapitalisnus geschaffen. Viele ihrer neuesten Zweige wurden weitestens dort gefördert, und entstehen heute noch dort.

Natürlich hat, global betrachtet, die Wissenschaft einen entscheidenden positiven Einfluß direkt auf die Entwicklung der Menschheit gehabt, und hat ihn auch heute noch, vor allem in der frühen Phase und dort, wo der Kampf gegen Rückständigkeit und fortschrittshemmende Ideologien mit Hilfe der Wissenschaft geführt werden muß, oder noch muß. Seit aber die Wissenschaft zunehmend in der Sphäre der materiellen Produktion wirksam wird, etwa seit 1900, müssen neben den erwiesenen positiven Einflüssen auch die negativen bedacht werden, die im Kapitalismus wirksam wurden. Zur Zeit ist die Abwehr negativer Wirkungen der Wissenschaft wie Atomwaffen, chemische Waffen, Vernichtung von Arbeitsplätzen, Wecken aufwendiger Bedürfnisse und Gewohnheiten im Interesse des Profits einzelner Gruppen in weiten Teilen der Welt ein vordringliches Anliegen.

Es ist klar, daß, so lange Wissenschaft unter beherrschender Tendenz des Maximalprofits genutzt wird, ein Mißbrauch kaum auszuschließen ist. Erst die Überwindung der Profitjagd als Antrieb der Entfaltung von Wissenschaft und Technik kann der Menschheit einen gesicherten Frieden geben und eine menschenwürdige Zukunft garantieren.

3. Karl Marx sagte vor ca. 100 Jahren: „Die Kapitalisten werden lernen, auch aus der Wissenschaft Profit zu schlagen". Das haben sie außerordentlich gut gelernt, vor allen Dingen in dem Sinne, daß es nicht auf die bloßen Erkenntnisse ankommt, sondern auf die technische Realisierung derselben. Im Kapitalismus sind ungeheure Potenzen geschaffen worden, um aus den Ergebnissen der Wissenschaft, gleich wo sie herkommen, technische Produkte herzustellen.

W. Rathenau hat die ökonomisch-technischen Realisierungsmöglichkeiten für das wesentlichste Merkmal der modernen Technik gehalten. Nicht einzelne Spitzenleistungen, sondern die ökonomisch-technische Realisierung großer Vorhaben sei das Entscheidende, wobei Fragen der Finanzierung, Fragen der Organisation und Leitung, Fragen der Infrastruktur, Fragen der wissenschaftlich-technischen komplexen Kooperation gleichberechtigt nebeneinander stehen.

Die moderne Technik ist im wesentlichen ein Ergebnis einer raffiniert aufeinander abgestimmten Organisation und Kooperation, wenn sie mit einem gesellschaftlich insgesamt erträglichen (angemessenen!) Aufwand realisiert werden soll. Einzelne Abschnitte moderner Technik lassen sich ohne diese Nebenbedingungen realisieren. Allerdings mit unverhältnismäßig hohem Aufwand — z. B. Militärtechnik!

Es hat sich herausgestellt, daß aus der Wissenschaft enorme Profite zu machen sind, ungeahnt hohe, und zwar vor allen Dingen auf dem Gebiet der Militärtechnik und der Pharmaka. Die Profitrate auf diesen Gebieten ist fünf- bis zehnmal höher als auf „normalen" Gebieten. Diese von der Wissenschaft ausgehenden „Überprofite" lösen ein abnormes Verhalten aus. „Wissenschaft ist Opium für Kapitalisten".

Der Hunger nach Maximalprofiten erreicht heute manchmal „Suchtcharakter". Dieser überträgt sich auf die Sucht maximaler Befriedigung technisch aufwendiger Bedürfnisse. Der Umgang mit Suchtbefallenen aber ist schwierig und manchmal gefahrvoll! Und wir befinden uns in permanenter Auseinandersetzung mit dieser Sucht, die auch ansteckend sein kann.

4. Wie war der Gang der Geschichte? Die moderne Industrie der komplex-konzentriert aufgebauten Monopole mit ihren außerordentlich hohen innerbetrieblichen Kooperationsmöglichkeiten hat sich weitgehend parallel zur modernen Wissenschaft entwickelt. Als Beginn möchte ich etwa 1860 die Gründung der Badischen Anilin- & Soda-Fabrik A. G. zur Erzeugung der ersten Synthese-Produkte der chemischen Großindustrie auf dem Gebiet der Farben anführen, sowie 1883 die Gründung der Edison-Gesellschaft in USA und Europa zur Realisierung des Systems elektrischer Beleuchtung. Diese „DEG" ging später in die AEG unter Leitung von E. Rathenau ein, was die bis dahin auf dem Gebiet der Schwachstromtechnik tätige Firma Siemens und Halske veranlaßte, sich dem Gebiet des Starkstroms zuzuwenden. 1892 entstand die General Electric Company New York. Unser Genosse Karl Steinmetz, der von Bismarck während der Sozialistenverfolgung ins Gefängnis geschickt wurde und der nach seiner Befreiung in die USA emigrierte, hatte hier eine führende Rolle. Er gründete das berühmte Forschungszentrum der General Electric Company in Schenectady. K. Steinmetz ist bekannt geworden durch seinen Briefwechsel mit Lenin.

Damals entstand auch die Auer-Gesellschaft in Berlin zur Ausnutzung der Gasglühstrumpfpatente des österreichischen Physikers Auer von Welsbach. Der führende Mann dieser Gesellschaft war der Bankier F. Koppel, der vor dem ersten Weltkrieg einer der wohlhabendsten Männer im Deutschen Reich war. Sein Barvermögen wurde auf über 25 Millionen Mark geschätzt. F. Koppel veranlaßte seinen Zweigbetrieb in Atzgersdorf bei Wien, einige Tonnen Uranpechblende aus Joachimsthal an das Ehepaar Curié in Paris zu schenken, aus denen dann das erste Radium gewonnen wurde. Er gründete später auch das berühmte Radium-Institut in Wien. Koppel finanzierte das Institut für physikalische Chemie der Kaiser-Wilhelm-Gesellschaft, wo unter F. Haber die Grundlagen für Luftstickstoff, aber auch für Giftgas erarbeitet wurden. (Er war auch bereit, ein Institut für Physik für A. Einstein und M. v. Laue zu bilden.)

Vor dem ersten Weltkrieg wurde das Gebäude der Auer-Fabrik am Warschauer Platz in Berlin gebaut, in dem sich heute das Kombinat VEB NARVA befindet. Dort entstanden bedeutende Teile der modernen Technik, nämlich die Vakuumelektronik aus der Glühlampenfabrik und die radioaktiven Stoffe aus der Glühstrumpfproduktion, auch die Halbleiterindustrie nahm dort ihren Anfang.

Die Leistungsfähigkeit dieser Komplex-Kooperations-Organisation überstieg bald die Vorstellungen und Urteilsfähigkeit der großen Forscher, und so kam es, daß z. B. Siemens die starkstromtechnische Bedeutung des von ihm entdeckten dynamoelektrischen Prinzips nicht gesehen hat, sondern dies erst von E. Rathenau, dem Gründer der AEG lernen mußte. Rutherford, der als erster Kernreaktionen als Elementarprozeß entdeckt hat, glaubte bis an sein Lebensende nicht an die technischen Realisierungsmöglichkeiten zu einer Energieerzeugung.

Die komplex-kooperative Technologie leistet erwiesenermaßen wesentlich mehr als die bloße Summe ihrer Bestandteile. Und sie nimmt alle brauchbaren und auch wertvollen alten Technologien entsprechend ökonomischer Kriterien auf. Was heute damit erreicht wird, kann man mit wenigen Stichworten kennzeichnen: kosmische Projekte wie der Flug zur Venus und zum Halley-Kometen oder zum „Mann im Mond", Atomeisbrecher, aber auch Atom-U-Boote, Teilchenbeschleuniger, Präzisionsraketen mit einer Leistungsfähigkeit, die für die Vertreter der einzelnen Disziplinen schwer vorstellbar ist und die durch den Effekt der Zusammenschaltung entsteht. Allerdings ist der Aufwand für diese Vorhaben, vor allem leitungsmäßig, enorm, und die Einheiten, die sie tragen, müssen entsprechend groß und multidisziplinär aussagefähig sein.

Diese Leistungsfähigkeit entstand durch eine (unbürokratische!) innerbetriebliche Kooperation, durch die Möglichkeiten, alle Potenzen der Wissenschaftler — im eigenen Haus, aber auch der vertraglich an Hochschulen und Akademien gebundenen — auch für Fragen, die neben der Tätigkeit für die Hauptaufgabe liegen, in einem für viele multidisziplinäre Kooperationsbeiträge ausreichendem Umfang abzufragen und nutzbar zu machen. Das Motto ist: „Man braucht nicht gleich eine ganze Kuh zu kaufen, wenn man mal ein Glas Milch trinken will!"

Vor allem ist der permanente Druck auf die Wissenschaftler wesentlich, sich für das „wie geht es weiter?" auch dann noch zu interessieren, wenn die genau formulierte und begrenzte konkrete Aufgabe im Haupttätigkeitsgebiet erfolgreich abgeschlossen ist, und das mit Varianten!

Es ist ein ehernes Gesetz der Technik, daß „Fortsetzungsromane" nicht lohnend sind und eine Perfektionierung einer einmal gefundenen Lösung nur dann ökonomisch sinnvoll ist, wenn die erste Lösung sich bereits auf dem Weltmarkt durchgesetzt hat. Der Erfinder des Radar, Watson-Watt, sagte, als man ihm vorwarf, seine Lösung sei unvollkommen: „Eine unvollkommene Lösung, die gleich da ist, ist besser als eine vollkommenere, die drei Jahre zu spät kommt."

Um das Beste zu erreichen, ist eine scharfe Auslese der Lösungsvarianten Voraussetzung. Die Entwicklung und Realisierung von nur einer Variante ist nur dann zu rechtfertigen, wenn in irgendeiner Weise eine Monopolstellung gesichert ist. Nach wie vor ist ausschlaggebend eine scharfe Auslese durch die kompetentesten, erfahrensten Fachleute. Es gibt keinen Algorithmus hierfür, der von weniger qualifizierten Bürokraten gehandhabt werden könnte. Eine Selbsteinschätzung kann man sich nur als Monopolinhaber leisten. Eine solche scharfe Auslese ist deshalb unumgänglich notwendig, weil die für die Realisierung benötigte technologische Kapazität immer beschränkt ist und sein muß, da sie ja aufwendig ist und ihre Unterhaltung beträchtliche Summen verschlingt. Es ist bekanntlich viel leichter, sich am Schreibtisch und an der Rechentechnik Varianten zu überlegen, als sie zu realisieren. Und es ist für Forschungs- und Entwicklungskollektive kaum etwas deprimierender, als daß die Leitung einmal oder, was noch schlimmer ist mehrmals auf die „falschen Pferde setzt". Das Gegenteil ist, die beste Stimulierung der Mitarbeiter.

Die Schlüsselstellung der technischen Realisierungsmöglichkeiten, die sich am Anfang unseres Jahrhunderts beim Entstehen der modernen Industrie herausgebildet hat, wird bei uns heute unter Rationalisierungsbau zusammengefaßt. Es ist zu erinnern, daß in der SAG Leuna über ein Viertel aller Beschäftigten im Rationalisierungsmittelbau tätig waren und daß Leuna damals alle Anlagen für neue Verfahren selbst bauen konnte. Diese zentrale Rolle der Werkstätten und der gesamten technologischen

Realisierungsmöglichkeiten hat sehr schnell auch schon in den 20er Jahren von der führenden Industrie — es waren damals Chemie und Vakuumelektronik — auf Forschungsinstitute übergegriffen. G. Hertz und O. Warburg, beide Nobelpreisträger, haben ihre hervorragenden Arbeiten nur gestützt auf eine überdimensionierte und angemessen vielseitige Werkstattkapazität in Angriff nehmen und durchführen können.

Man kann sich leicht davon überzeugen, daß viele Resultate, die mit Nobelpreisen geehrt wurden, und die nicht an Arbeiten an Großanlagen wie Beschleuniger gebunden sind, das Produkt einer produktiven Kooperation von wissenschaftlicher Ideenfindung und Forschungstechnologie darstellen. Man kann hierfür als Prototyp die berühmte Arbeit von M. v. Laue, W. Friedrich und F. Knipping anführen. Aber auch die Arbeiten von M. Eigen und Ch. Mößbauer und anderen können dazu gerechnet werden. Hingegen bringen Arbeiten im Stil der Physikalisch-Technischen-Reichsanstalt, wie sie von F. Paschen so treffend gekennzeichnet wurden, keine bedeutenden Ergebnisse, sondern haben nur den Fundus der Wissenschaft mit zwar richtigen, aber eigentlich nicht zu gebrauchenden Ergebnissen vollgeladen. Hieraus die eventuell zu gegebener Zeit verwendbaren herauszusuchen, erfordert einen Aufwand, der größer ist, als der für die Neubearbeitung des Problems unter den für die Lösung erforderlichen Randbedingungen.

Wesentlich ist, daß bei allen Beteiligten ein hohes Maß an Kooperationsbereitschaft vorliegt und daß Verständnis für Kooperation anerzogen worden ist. Leider kommt im Augenblick diese ungeheure Leistungsfähigkeit der Technik hauptsächlich der Rüstung und der Ausbeutung zugute. Man kann sich vorstellen, welche Menschheitsprobleme erledigt werden könnten, wenn es gelänge, die Rüstung einzuschränken.

Kurz gesagt, die Monopole und die moderne Wissenschaft haben sich parallel entwickelt. Die Komplexität der großen technischen Aufgaben und die Komplexität der Forschungstechnologie haben diese Parallelität zum beiderseitigen Vorteil gesichert.

In den letzten 50 Jahren hat es sich als vorteilhaft herausgestellt, umfangreiche Forschungen im Vorfeld industrieller Nutzung zu betreiben, meist mit sehr anspruchsvoller, der allgemeinen Technik vorauseilender Leistungsfähigkeit. Da eine unmittelbare Nutzung in der Kompetenz der materiellen Produktion nicht möglich oder auch nicht vorgesehen ist, werden solche Forschungen im nichtsozialistischen Wirtschaftgebiet (NSW) aus Staatsmitteln oder

Stiftungen von Industriegruppen finanziert, im sozialistischen Wirtschaftsgebiet naturgemäß im Rahmen der staatlichen Forschungspläne. Als Beispiel für derartige technisch außerordentlich bedeutungsvolle Gebiete wären zu nennen: Hochenergiephysik, Fusionsphysik, Chemische Physik der Grenzflächen, Kosmische Physik und Astrophysik, sowie Ozeanforschung, Seismik, Medizinisch-biologische Elektronik, um nur einige der Physik nahestehende Gebiete zu nennen.

Im NSW ist die Möglichkeit, ohne eigenes finanzielles Risiko Forschungen auf weit vorauseilenden Gebieten zu betreiben, ein starker Anreiz für die Industrie, die technische Ausstattung der Grundlagenforschung zu unterstützen. Im großen Umfang ist auch die Militärtechnik an solchen Projekten interessiert.

So kommt es, daß wissenschaftliche Impulse für die Entwicklung der Technik von der fundamentalen Grundlagenforschung gegeben werden, allerdings weniger durch die speziellen Fragestellungen und Ergebnisse derselben, als durch die zu ihrer Bearbeitung erforderlichen experimentell-technischen Anlagen und Hilfsmittel.

Besonders interessant ist die leitungsmäßige Behandlung solcher Großaufgaben der Grundlagenforschung, die zunehmend Bedeutung erwirbt, auch für die Bewältigung großer technischer Vorhaben, die die Kompetenz eines Industriebereiches übersteigen oder sogar länderübergreifende Kooperation erfordern. Denn im Vorfeld der industriellen Nutzung fallen viele der heute üblichen staatlichen Beschränkungen (Geheimhaltung, Embargo, Sperrlisten und dergleichen) weg, und es ist tatsächlich noch eine weitgehend internationale Kooperation möglich.

Die immer weiter zunehmende Komplexheit der wissenschaftlichen Leistungen bei der Erzielung von Ergebnissen an der vordersten Front der Erkenntnis wäre ohne die Beherrschung dieser Leitungsproblematik nicht möglich, und so ist es nicht verwunderlich, daß viele neuartige Probleme gerade aus der organisatorischen Meisterung solcher Vorhaben resultieren. Auch diese Seite stellt einen starken Impuls für die Bearbeitung solcher Fragen dar.

5. Haben die Monopole die Wissenschaft gemacht? Zweifellos nicht, obwohl auch in ihren Laboratorien großartige wissenschaftliche Entdeckungen gemacht wurden.

Der internationale Multikonzern ITT (International Telephone and Telegraph Corporation), der für viele entsetzliche Dinge, wie die Ermordung S. Allendes in Chile und ähnliche Greueltaten verantwortlich ist, hat in seinen Forschungslaboratorien drei wissenschaftlich fundamentale Entdeckungen hervorgebracht: die Nyquist-Formel für das Rauschsignalverhältnis in elektrischen Stromkreisen, die Wellennatur des Elektrons durch die Versuche von Davison und Germer und vor mehr als 20 Jahren Beiträge zur Erforschung der kosmischen Hintergrundstrahlung im Zentimeterbereich.[1])

Diese Entdeckungen wurden und werden von Wissenschaftlern mit zum Teil jämmerlichen Gehältern gemacht (A. Einstein im Patentamt in Bern). Aber die Monopole stellten damit Beiträge zur Forschungstechnologie zur Verfügung, deren Ergebnisse ihrerseits zur Sicherung der Erkenntnisse beitrugen, und zum Teil zu ihrer wesentlichen Erweiterung.

Dieser zweifellos die Entwicklung der Wissenschaft positiv beeinflussenden Rolle der Monopole stehen, wie bereits gesagt, die Beispiele eines ungeheuerlichen Mißbrauchs der Wissenschaft und vor allen Dingen bei der technologischen Verwirklichung von Möglichkeiten von Massenvernichtungsmitteln entgegen: im ersten Weltkrieg die Realisierung des Giftgaskrieges (I. G. Farben), im zweiten Weltkrieg die Entwicklung der Atombombe, die ja auch von dem großen Chemie-Konzern der USA, Du Pont de Nemours & Company, realisiert worden ist, allerdings unter Mitarbeit der aus Europa emigrierten Schüler von A. Sommerfeld, M. Born, N. Bohr, und anderen.

Man kann sehen: Die Entwicklung der Wissenschaft bekommt aus dem Konkurrenzkampf und den steigenden Ausbeutungsmöglichkeiten der multinationalen Konzerne starke aber unkontrollierbare Impulse, die letzten Endes zwar einem bestimmten Konzern einen maximalen Profit sichern, aber auf Kosten aller anderen und vor allem der riesigen Masse der ausgebeuteten Menschheit.

So ist das Bedenkliche an der Einwirkung der Monopole auf die Wissenschaft bei aller Anerkennung ihres großen Anteils am Zustandekommen der modernen Wissenschaft und Technik der weitgehend unkontrollierbare Gang der Weltentwicklung, wenn man das Geschehen den Monopolen überläßt: Die Eskalation der Ereignisse von 1914 und 1939, bei Ausbruch des Korea-Krieges und

---

[1]) A. A. Penzias, R. W. Wilson: Entdeckung der kosmischen Mikrowellen-Reststrahlen (Hintergrundstrahlung, 3 *K*-Strahlung) 1964 mit der 20-Fuß-Hornreflektor-Antenne auf dem Crawford Hill, Holmdel, New Jersey (USA), der Bell Laboratories (Messungen der Rauschtemperatur bis 7,3 cm). Publikation in: Astrophys. J. 142 (1965) 419.

des Vietnam-Krieges, zeigt, was zu erwarten ist. Und wenn man die Kriegsbegeisterung der Engländer im Fernsehen anläßlich des Falkland-Krieges gesehen hat, versteht man, daß die Ereignisse von 1914 mit ihrer alleuropäischen Massenkriegsbegeisterung nicht der Vergangenheit anzugehören brauchen. So bleibt nur übrig: „Man muß den Krieg verhindern, bevor er ausbricht".

Die geregelte Zukunft der Welt fordert kategorisch, diesen Einfluß der Monopole auf die Wissenschaft zurückzudrängen. Neben der militärischen Bedrohung durch die wachsende Rüstung, die aus den durch Konkurrenzkampf angefachten Wissenschaften immer neue Realisierungsmöglichkeiten herausschlägt, steht die Bedrohung durch die ungezügelte Bedürfnisentwicklung nach technisch komplizierten Konsumgütern und technischen Diensten, die den Unterschied zwischen arm und reich, gebildet und zurückgeblieben immer mehr vergrößert. Den Monopolen muß die Führung auf dem Gebiet der Wissenschaft abgenommen werden.

6. In den Jahren 1900 bis 1930 entstanden außerordentlich ausgedehnte und aufwendige Systeme der Kommunikation (Telefon, Massenmedien, Informationsbearbeitung) mit einem enormen Aufwand an Technologie und Investition. Wie groß der Einfluß dieser Systeme auf die Entwicklung der Welt ist, kann hier nur angedeutet werden! Wie groß der erforderliche Aufwand ist, geht aus folgender Zahlenangabe hervor: Wir haben zur Zeit in der DDR 16 Fernsprecher auf 100 Bewohner. In den Industriestaaten ähnlicher Leistungsfähigkeit ist die Zahl der privaten Fernsprecher auf 100 Einwohner etwa doppelt so hoch. Es ist kalkuliert worden, daß der Ausgleich bei uns etwa 170 Mrd. Mark kosten würde, d. h. etwa halb so viel wie das ganze Wohnungsbauprogramm.

Als zweites riesiges System wäre die Energieversorgung zu nennen, vor allen Dingen die für die erreichbare Produktivität wesentliche Versorgung mit Elektroenergie. Die hohe Produktivität in hochindustrialisierten Staaten hängt mit dem Angebot an Elektroenergie für die Industrie zusammen. Gleichzeitig spart der Einsatz von Elektroenergie ungeheure Summen zur Verminderung von Umweltbelastung, und bietet die Möglichkeit, die Wärmeversorgung als Abfall der Elektroenergie zu nutzen. Aber auch hier sind Investitionssummen exorbitant; ein Kraftwerk mit 1000 MW kostet ebensoviel wie der Bau einer Großstadt mit 100000 Einwohnern: einige 10^9 Dollars. (Die Infrastruktur ist noch aufwendiger. Allerdings erhält man auf diese Weise schließlich die Wärmeversorgung „gratis".)

Diese riesigen Systeme sind so aufwendig, daß es schwer ist, daneben in absehbarer Zeit noch irgend etwas anderes ins Auge zu fassen. Außerdem muß man ja an den gemeinsamen Nachholebedarf der Dritten Welt denken, der in irgendeiner Weise behandelt werden muß. Jedoch sind *durch diese großen Systeme echte Bedürfnisse der Menschen geweckt worden, die zweifellos aus der weiteren Entwicklung der Menschheit nicht weggedacht werden dürfen, weil sie zu echten Bestandteilen der Menschheitsentwicklung geworden sind.*

Man möchte hoffen, daß die Militärtechnik mit ihrem enormen Aufwand mit wachsendem Verständnis für Abrüstungsnotwendigkeit künftig nicht zunehmen wird. Während die Frage der Pharmaka und ihre Nutzung zu Bedürfnissen geführt haben, die schwer wieder auszurotten sind und die tatsächlich auf die Dauer auch nicht den Menschen der Dritten Welt vorenthalten werden können, wodurch erhebliche Potenzen an hochqualifizierter Technik disponibel wirken. Da der Massenverbrauch von Pharmaka aber auf einer induzierten Nachfrage beruht, kann dieser Mißbrauch mit verschwindendem Angebot auch wieder zurückgehen.

Wie diese Probleme gelöst werden sollen, ist tatsächlich eine der ganz großen offenen Fragen. Vor allem die Probleme *Abrüstung, Umwelt und Ausgleich des Zurückbleibens der Dritten Welt* werden voraussichtlich alle verfügbaren Potenzen in den Staaten, in denen ein wachsendes Verständnis für die Gesamtverantwortung der Menschheit verankert ist, in Anspruch nehmen. Die Leistungsfähigkeit der sozialistischen Länder bleibt aber weiter die beste Voraussetzung zur Überwindung dieser Problemsituation, vor allem auch in der Dritten Welt. Die Lösung dieser Probleme gilt es baldmöglichst zu realisieren. Dies ist durchaus erreichbar, ohne auf Glückstreffer in der Zukunft warten zu müssen.

7. Um das zu verstehen, muß die Wissenschaft in ihrem heutigen enormen Umfang gesehen werden. Es wird geschätzt, daß etwa auf dem Gebiet der Physik ca. 1 Million Physiker tätig sind, davon über die Hälfte für militärtechnische Zwecke. Das, was sie von der Physik und der Technik nutzen, ist die klassische Physik, ergänzt etwa durch die Atomistik, die Quantenphysik im Sinne des Bohrschen Atommodells und die Physik der Speziellen Relativitätstheorie. Ein großer Teil der Aufwendungen wird aber nach wie vor der klassischen Technik entnommen. Mit diesem wissenschaftlichen Fundus wird die große Technik von heute im wesentlichen betrieben, und sie reicht auch dazu aus! Wir brauchen nicht erst auf

künftige Entwicklungen zu warten, um der Menschheit einen beträchtlichen Teil ihrer Sorgen zu nehmen. Was wir wissen und können, reicht bei weitem dafür aus, sofern wir die Priorität der Wohlfahrt der Menschen anerkennen. Leider sind wir heute aber in einem großen Teil der Welt davon noch weit entfernt.

8. Aus den sehr großen Bemühungen der Weltwissenschaft und Technik resultiert ein Weltfundus der Erkenntnisse, Verfahren usw., für den sowohl die alten als auch die neuen und neuesten Teile der Wissenschaft ständig Beiträge spenden. Wegen der sehr starken Nutzung in der Militärtechnik, aber auch aus Gründen des Konkurrenzkampfes der Monopole, sind weite Teile dieses Weltfundus blockiert und nur schwer oder gar nicht zugänglich. Wenn man die Situation nüchtern betrachtet, so könnte wohl jede logisch einwandfrei formulierte Aufgabe, die den Grundgesetzen der Natur nicht widerspricht, aus diesem Weltfundus heraus gelöst werden, wenn er zugänglich wäre. Man sieht daraus, welche enorme Bedeutung die Einschränkung der Geheimhaltung, die Reduktion der Rüstung und die Einstellung des Konkurrenzkampfes der Monopole mit sich bringen würde.

Schon heute gibt es kleinere hochentwickelte Industriestaaten, die ohne große eigene Forschung Erzeugnisse höchster Qualität herausbringen, z. B. Schweden, Dänemark, Schweiz, um nur einige zu nennen. In diesen Ländern ist auch die Produktivität in der Sphäre der materiellen Produktion und in der Landwirtschaft mit am höchsten in der Welt. Ihr Rezept ist eine sehr hohe allgemeine und spezielle Bildung der Bevölkerung und eine gründliche Erschließung des Weltfundus auf verschiedenstem Wege.

Wesentlich ist aber auch eine kritische Beurteilung des Weltfundus, der ja neben Wertvollem auch Nebensächliches bis Negatives enthält. Es wurde wiederholt gesagt: Man muß den Weltfundus nutzen, ohne die Krisen mitzuimportieren!

9. Wenn gesagt worden ist, daß der Weltfundus Bestandteile enthält, die vergänglich sind und mit der Zeit ihren Wert einbüßen, so gibt es andererseits auch solche, die ihren Wert über lange Zeit behalten. Das sind vor allem diejenigen, die sich auf quantifizierbare Daten stützen, welche mit physikalischen Meßgeräten gewonnen werden und eine mathematische Bearbeitung ermöglichen, die zur Theorienbildung führt. Dabei wird eine Erweiterung der Erkenntnis durch neue Begriffe angebahnt, die bleibenden Wert haben.

Dieser Kern der Wissenschaft wird auch als „exakte Wissenschaft“ bezeichnet und wird zweifellos, vor allem nach der Entwicklung der Mikroelektronik und deren Eindringen in alle Sphären wissenschaftlicher Betätigung, immer größer. Allerdings setzt die Nutzung des Weltfundus ein gewisses Ausmaß eigener Betätigung voraus, da die aus Lehrbüchern und Monografien zu erwerbenden Kenntnisse dazu erfahrungsgemäß nicht ausreichen. Es gilt auf jeden Fall der Grundsatz: Je besser die Zugänglichmachung des Weltfundus funktioniert, desto weniger braucht man eigene Anstrengungen und eine „selbstgestrickte“ Wissenschaft.

Im 19. Jahrhundert erlangten die USA (E. Rathenau, 1878) Überlegenheit über Europa auf dem Gebiet der empirisch-intuitiv beherrschten Technologien. Rundschleifmaschinen, Telegraf, Telefon waren in Europa kaum vorhanden, nahezu unbekannt. Seither ist der Maschinenbau einschließlich seines elektrotechnischen Teils der entscheidende Faktor für jeden wissenschaftlich-technischen Fortschritt. (Das spiegelt sich auch in den neuesten Veröffentlichungen aus der UdSSR wider.)

Auch die modernsten komplexen wissenschaftlich-technischen Systeme haben eine Seite, deren empirisch-intuitive Beherrschung von entscheidender Bedeutung ist. J. v. Neumann sagte: „Man kann ein Auto virtuos fahren, ohne im einzelnen zu wissen, wie es funktioniert. Man konnte ein Flugzeug bauen und damit fliegen, bevor man wagen konnte, eine Theorie des Flugzeugs zu entwickeln. Das war erst möglich nach Entwicklung der Grenzschicht-Theorie von L. Prandtl und Th. v. Kármán“. Die empirisch-intuitive Meisterung großer Systeme ist eine unerläßliche Voraussetzung für exakt wissenschaftliche Betrachtugen und zur Verbesserung des Wirkungsgrades. Die Kombination von „empirisch-intuitiver“ und „exakt wissenschaftlicher“, d. h. auf mathematischer Bearbeitung quantifizierter Daten aufbauender Beherrschung, ist unabdingbare Voraussetzung für einen gesellschaftlichen Erfolg. Nutzung nur „alter“ Technik kostet Geld, Nutzung nur „neuer“ Technik kostet ebenfalls Geld. Dazwischen liegt das ökonomische Optimum.

10. Das Problem der Zugänglichkeit des Weltfundus hängt engstens mit der eigenen Betätigung in der Wissenschaft im Rahmen der Weltwissenschaft und vor allem mit der Betätigung auf dem Weltmarkt durch Herstellung und Absatz weltmarktfähiger Produkte zusammen. Jedes Produkt, das mit Erfolg auf dem Weltmarkt angeboten wird, verschafft auch Zugang zu wertvollen

Bestandteilen des Weltfundus an Erkenntnissen komplexer Art.

Für die Weltmarktfähigkeit gelten erfahrungsgemäß Kriterien, die vereinfacht etwa so ausgedrückt werden können: Es läßt sich das gut verkaufen, was sich auszeichnet, vor allem durch Zuverlässigkeit, durch gute Betriebswirtschaft und Verfügbarkeit, auch Servicefreundlichkeit, durch eine angemessene Relation von Leistung zu Aufwand bzw. Preis. Schließlich aber ist auch der Name des Herstellers (als Bürgschaft für Qualität und technische Reife) und eine qualitätsgerechte Reklame wichtig.

Der häufig gebrauchte Ausdruck „Weltniveau" ist demgegenüber dubios, da man keineswegs höchste Parameter als Ausweis für Verkaufsfähigkeit auf dem Weltmarkt hat. Viele Erzeugnisse der Japaner, die sehr beliebt sind und sich gut verkaufen, haben nicht die höchsten Parameter. Die Japaner sagen: Kundenfreundlichkeit und guter Service sind wichtiger als Spitzenparameter. Darum sollte man die formale Art, nach Weltniveau zu streben, doch besser vermeiden.

11. Manchmal werden Bedenken geäußert, ob die Nutzung des Weltfundus nicht automatisch zu einer Einbuße an Originalität führt. Das ist keineswegs der Fall. Wegen der Komplexität der modernen Aufgaben läßt sich ein bestimmtes Erzeugnis durch sehr verschiedenartige Kombinationen seiner einzelnen Bestandteile herstellen, und zwischen denen gibt es solche, die unterschiedlich für den ökonomischen Aufwand und die o. g. Kriterien der Weltmarktfähigkeit sind. Es kann sein, daß ein Gegenstand großer Haltbarkeit und Bedienungsbequemlichkeit den Vorrang bekommt vor leistungsfähigeren Exemplaren, die diese Eigenschaften nicht haben.

Die Originalität kommt bei der komplexen Erkenntnisnutzung immer wieder zu ihrem Recht und sollte dort gepflegt werden, und nicht bei der Suche nach den Grundlagen unserer Wissenschaften, die ihre Stabilität seit vielen Jahrzehnten erwiesen haben.

12. Die Stabilität unserer wissenschaftlichen Grunderkenntnisse ist erstaunlich hoch. Die moderne Halbleiterphysik ist bereits weitgehend in den Handbuchartikeln, die von den Schülern Sommerfelds etwa um das Jahr 1930 geschrieben worden sind, theoretisch behandelt.

Die enorme Ausweitung wissenschaftlicher Betätigung hat von sich aus keine Anregungen fur die Erweiterung der wissenschaftlichen

Fundamente gebracht. Sämtliche höchst abstrakten Theorien der Elementarteilchenphysik müssen, um konkrete Ergebnisse zu liefern, die seit 80 Jahren bekannten Elementarkonstanten Plancks nutzen.

13. Bei aller Bewunderung für die Leistungsfähigkeit der modernen Technik verdient bemerkt zu werden, daß die „alten" Techniken sich erwiesenermaßen auszeichneten durch sehr hohe Qualität und Haltbarkeit. (Man braucht nur in das Köpenicker Schloß zu gehen und sich die dort ausgestellten Gegenstände anzusehen. Sie haben nur einen Nachteil aus heutiger Sicht, sie sind viel zu teuer. Wenn man sie nach jetzigen Lohn- und Aufwandspreisen berechnen würde, wären sie praktisch nicht tragbar; so, wie sie ja zu ihrer Zeit auch nur wenigen besonders hoch Begüterten zur Verfügung standen.)

14. Das Profitstreben erteilt der Wissenschaftsentwicklung „stochastische" Impulse, die aber durch die Trägheit der Investitionen gebremst und gedämpft werden. Je aufwendiger die technologischen Sphären werden, desto mehr beeinflussen sie den Konkurrenzkampf auf wissenschaftlich-technischem Gebiet und engen ihn ein. Deshalb wird sich dieser zunehmend der politisch-militärischen Sphäre bemächtigen und sich dort austoben, was wir heute gerade erleben.

Die geplante, auf gesellschaftlich positive Zwecke gerichtete Entwicklung von Wissenschaft und Technik im Sozialismus kann von sich aus über die wilden Fluktuationen im NSW hinwegmitteln und krasser Mode und Einzelprofitinteressen dienende Fehlinvestitionen vermeiden (so z. B. den in den USA vor 30 Jahren durchgeführten Abbau der Eisenbahn und Verlagerung des Transports von der Schiene auf die Straße).

Wesentlich ist die Einschätzung und Bewertung der Möglichkeiten der Technik losgelöst von den Gesichtspunkten des individuellen Profits einzelner Konzerngruppen. Das von dieser Seite nicht bestochene Urteil kompetenter Wissenschaftler gewinnt darum zunehmend an Bedeutung und läßt sich im Friedenskampf und im Kampf gegen die Atomrüstung und die Weltraumrüstung ausnutzen.

15. Es kommt darauf an, den Weltfundus maximal zur Beschleunigung der Entwicklung des Sozialismus auszunutzen, ohne jedoch die Krisen des Kapitalismus zu importieren. Unter diesem Gesichtspunkt muß die Rolle der großen Forschungsprogramme des

Westens — SDI der USA, 5. Rechnergeneration der Japaner, EUREKA von Frankreich und Westeuropa — kritisch angesehen werden. Der militärtechnische Aspekt der Nutzung modernster Technologien ist nur eine Seite der Problematik, obschon im Kapitalismus immer nur das in Angriff genommen wird, was Superprofite abzuwerfen verspricht, und das ist vor allem Militärtechnik.

Aber dahinter sind noch andere Gesichtspunkte des permanenten Kampfes gegen die zunehmende wissenschaftlich-technische Entwicklung des sozialistischen Lagers zu sehen. Das sozialistische Lager ist mit seiner auf Frieden und Wohlstand gerichteten Orientierung attraktiv, auch zunehmend für viele Wissenschaftler des Westens, die ja von den Krisenerscheinungen des Kapitalismus mit betroffen werden. Attraktivität steigt mit Leistungsfähigkeit. Die kapitalistischen Programme geben über die militärtechnische Nutzung hinausgehend die Möglichkeit, große Gruppen der Wissenschaftler zu binden, insbesondere mit Geheimhaltungsverpflichtungen, und sie dadurch daran zu hindern, für die Nutzung der Wissenschaft, zum Wohle etwa der Dritten Welt oder der sozialistischen Länder, tätig zu werden. Das ist besonders bedeutungsvoll, da die zunehmende Rationalisierung in den großen wissenschaftlich-technischen Systemen natürlich wissenschaftliche Kräfte freisetzt, und die Machthaber des Imperialismus kein Interesse daran haben, sie aus ihrer Kontrolle zu lassen.

Es ist zu befürchten, daß diese Wissenschaftsprogramme zunehmend mißbraucht werden in der Auseinandersetzung der imperialistischen Welt gegen die wachsende Leistungsfähigkeit des sozialistischen Lagers.

Quellennachweis

Kap. 1: R. Rompe und H.-J. Treder, Was sind und was bedeuten die Elementarkonstanten? Annalen der Physik, 7. Folge, **42**, (1985) 4—6, S. 559—576

Kap. 2: R. Rompe und H.-J. Treder, Niels Bohr und die Experimentalphysik. spectrum **16** (1985) 9, S. 25—27

R. Rompe und H.-J. Treder, Quantenpostulate, Atommodell und Meßprozeß. Wissenschaft und Fortschritt **35** (1985) 9, S. 226—227

Kap. 3: R. Rompe und H.-J. Treder, Das Ganze ist mehr als die Summe seiner Teile. spectrum **15** (1984) 10, S. 22—24

Kap. 4: R. Rompe und H.-J. Treder, P. A. M. Dirac und die Begründung der relativistischen Quantentheorie. Annalen der Physik, 7. Folge, **42** (1985) 1, S. 82–93
R. Rompe und H.-J. Treder, Das unerschöpfliche Elektron. spectrum **16** (1985) 5, S. 16–17

Kap. 5: R. Rompe und H.-J. Treder, Demokrit – Planck, Annalen der Physik 1987, im Druck

Kap. 6: R. Rompe und H.-J. Treder, Newtons „Philosophiae Naturalis Principia Mathematica" und Plancks Elementarkonstanten. Für Friedrich Hund zum 90. Geburtstag. Annalen der Physik **44** (1987) 3, S. 153

Anhang 1: H.-J. Treder, Zur Geschichte der DAW Mathematik-Mechanik–Physik, Unveröffentlichtes Manuskript, Potsdam-Babelsberg 1986

Anhang 2: R. Rompe, Aspekte gesellschaftlicher Wirksamkeit der Wissenschaft. Gekürzte Fassung von Vorträgen, Berlin 1984 und 1985

ROBERT ROMPE / HANS-JÜRGEN TREDER

Zählen und Messen

(Wissenschaftliche Taschenbücher, Reihe Mathematik/Physik)

2., unveränderte Auflage

1988. 84 Seiten — 12,5 cm × 20 cm — DDR 8,— M, Ausland 12,50 DM
ISBN 3-05-500324-1
Bestell-Nr. 7634107 (7230)

Die Autoren erörtern den Stellenwert der Physik im Rahmen der Naturwissenschaften. Sie behandeln die Begriffe „Zählen" und „Messen" aus naturwissenschaftlicher Sicht, erläutern die Rolle von Meßgeräten in Wissenschaft und Technik und beantworten die Frage nach einer neuen Etappe in der Entwicklung der Physik.

Ihr Buchhändler
hält alle Wissenschaftlichen Taschenbücher für Sie bereit!

THEORIA CUM PRAXI

AKADEMIE-VERLAG BERLIN

ISBN 3-05-500414
ISSN 0084-098X

Die Autoren

- diskutieren die von Planck eingeführten Elementarkonstanten der Physik und zeigen deren eminente Bedeutung für das heutige Weltverständnis
- demonstrieren die Rolle der Elementarkonstanten u. a. in der Atomphysik, der Kosmologie und der Elementarteilchenphysik
- beschreiben aus dieser Sicht die Leistungen von Bohr, Dirac, Demokrit, Planck und Hund
- betrachten schließlich die vielseitigen Wechselwirkungen zwischen Physik und sozialistischer Gesellschaft

WISSENSCHAFTLICHE TASCHENBÜCHER

FSC
www.fsc.org
MIX
Papier | Fördert gute Waldnutzung
FSC® C083411

Zeitfracht Medien GmbH
Ferdinand-Jühlke-Straße 7
99095 Erfurt, Deutschland
produktsicherheit@kolibri360.de